Matthias Graul

Widerstandspressschweiß- und Lötverfahren mit Zusatzwerkstoff für hochfeste Stahlwerkstoffe sowie Mischverbindungen mit Aluminiumlegierungen

TUDpress

Dresdner Fügetechnische Berichte

Herausgeber: Prof. Dr.-Ing. habil. U. Füssel

Herausgeber: Prof. Dr.-Ing. habil. U. Füssel
Technische Universität Dresden
Professur Fügetechnik und Montage
01062 Dresden

Tel.: 0351 / 4633 4347
Fax: 0351 / 4633 7249

Matthias Graul

Widerstandspressschweiß- und Lötverfahren mit Zusatzwerkstoff für hochfeste Stahlwerkstoffe sowie Mischverbindungen mit Aluminiumlegierungen

TUD*press*

2014

Bibliografische Information der Deutschen Bibliothek
Die Deutsche Bibliothek verzeichnet diese Publikation in der Deutschen Nationalbibliografie; detaillierte bibliografische Daten sind im Internet unter <http://dnb.ddb.de> abrufbar.

Bibliographic information published by Die Deutsche Bibliothek
Die Deutsche Bibliothek lists this publication in the Deutsche Nationalbibliografie; detailed bibliographic data is available in the Internet at <http://dnb.ddb.de>

ISBN 978-3-944331-82-9

Zugl.: Dresden, Techn. Univ., Diss., 2013

Verlag der Wissenschaften GmbH
Bergstr. 70 | 01069 Dresden
Tel.: 0351/47 96 97 20 | Fax: 0351/47 96 08 19

Satz und Redaktion: Matthias Graul

Printed in EU.

Widerstandspressschweiß- und Lötverfahren mit Zusatzwerkstoff für hochfeste Stahlwerkstoffe sowie Mischverbindungen mit Aluminiumlegierungen

Dissertation

zur

Erlangung des Doktorgrades (Dr.-Ing.)

der

Fakultät Maschinenwesen
der
Technischen Universität Dresden

1. Gutachter: Prof. Dr.-Ing. habil. U. Füssel

2. Gutachter: Prof. Dr.-Ing. S. Jüttner

Eingereicht am 16.11.2012
Verteidigung am 16.12.2013

Matthias Graul
aus
Brome, Niedersachsen, September 2012

Veröffentlichungspassus

Veröffentlichungen über den Inhalt der Arbeit sind nur mit schriftlicher Genehmigung der Volkswagen AG zugelassen. Die Ergebnisse, Meinungen und Schlüsse dieser Dissertation sind nicht notwendigerweise die der Volkswagen AG.

Vorwort

Diese Arbeit entstand während meiner Tätigkeit in der Konzernforschung der Volkswagen AG in Wolfsburg.

Herrn Prof. Dr.-Ing. U. Füssel, der mir die Durchführung dieser Arbeit ermöglicht hat, danke ich herzlich für die sehr gute Betreuung und wegführenden Fachdiskussionen.

Weiterhin gilt Herrn Prof. Dr.-Ing. K. Koppe mein besonderer Dank für die fachliche Unterstützung.

Besonders möchte ich mich auch bei Herrn Dr.-Ing. S. Jüttner für die außerordentliche Unterstützung und Förderung dieser Arbeit bedanken.

Meinen Dank möchte ich allen Kollegen für die kritischen Diskussionen und wertvollen Anregungen aussprechen. Dabei danke ich insbesondere Herrn Dr.-Ing. J. Zschetzsche, Herrn Dr.-Ing. H. Rudolf, Frau Dipl.-Ing. M. Kohnke, Herrn Prof. Dr.-Ing. V. Kleinert, Herrn Dr.-Ing. J. Küting und Herrn Dipl.-Ing. A. Fricke für die langjährige Zusammenarbeit und die anregenden Diskussionen.
Besonderer Dank gilt Herrn K. Hoffmeister, der durch seine jahrelange Serienerfahrung meinen Blick immer auch auf die praktische Umsetzbarkeit gerichtet hat sowie die labortechnische Unterstützung bis zur Finanzierung der eigenen Anlagentechnik.
Allen Mitarbeitern und Studenten der Abteilung Werkstofftechnik in der Konzernforschung der Volkswagen AG sowie allen Mitarbeitern des Lehrstuhls Fügetechnik und Montage danke ich sehr herzlich für die vielen gemeinsamen schönen Stunden.

Brome, im September 2012

Matthias Graul

Formelzeichen und Abkürzungen

Formelzeichen	Benennung	Einheit
ts	Schweißzeit	[ms]
dp	Schweißpunktdurchmesser	[mm]
dl	Schweißlinsendurchmesser	[mm]
F_e	Elektrodenkraft	[kN]
t_i	Blechdicke	[mm]
x	Elektrodenweg	[mm]
s	Spaltmaßzwischen den Blechen	[mm]
Ue	Spannung zwischen den Elektroden	[V]
R_G	Gesamtwiderstand des Schweißstromkreises	[µΩ]
Ri	Teilwiderstand des Schweißstromkreises	[µΩ]
T	Temperatur	[°C]
U	durchschnittlicher Spannungswert	[V]
σ_i	Spannung	[MPa]
T_i	Schubspannung	[MPa]
ρ	Spezifischer elektrischer Widerstand	[$\Omega \cdot mm^2/m$]
σ	Elektrische Leitfähigkeit	[Sm^{-1}]
λ_w	Wärmeleitfähigkeit	[W / m·K]
ΔT	Temperaturdifferenz	[°C]
Q_{ZU}	zugeführte Wärmemenge	[J]
Q_V	Verlustwärmemenge	[J]
Q_{VE}	durch die Elektroden abgeleitete Verlustwärmemenge	[J]
Q_{VB}	durch das Werkstück abgeleitete Verlustwärmemenge	[J]
Q_{VS}	durch Wärme- und Lichtstrahlung entstehende Verlustwärmemenge	[J]
Q_W	Wirkwärmemenge zur Erzeugung der Schweißlinse	[J]
P_{el}	Elektrische Leistung	[W]
W_{el}	Elektrische Arbeit	[J]
m	Masse	[kg]
f	Frequenz	Hz]
α	Zündwinkel	[°]
G	Schubmodul	[N/mm^2]
E	Elastizitätsmodul	[N/mm^2]
ε	Dehnung	[%]
l	Probenlänge	[mm]
b	Probenbreite	[mm]
D_R	Ringdurchmesser	[mm]
d_{Draht}	Drahtdurchmesser	[mm]
$l_ü$	Überlapplänge	[mm]
l_e	Probeneinspannlänge	[mm]
F_B	Bruchkraft	[kN]
$R_{p0,2}$	Streckgrenze	[N/mm^2]
R_m	Zugfestigkeit	[N/mm^2]
$t_{8/5}$	Abkühlzeit zwischen 800°C und 500°C	[s]
A_{c1}	Starttemperatur der Austenitisierung	[°C]
A_{c3}	Endtemperatur der Austenitisierung	[°C]

HV	Härte nach Vickers	[HV]
tr	Restblechdicke	[mm]
d_{Ei}	Elektrodeneindrucktiefe	[mm]
ρ	Dichte	[g/cm³]
λ	Wellenlänge	[nm]
c_0	Vakuumlichtgeschwindigkeit	[km/h]
c_1	1. Strahlungskonstante	[W/m²]
c_2	2. Strahlungskonstante	[m/K]
h	Plancksches Wirkungsquantum	[J s] [J/K]
k	Boltzmannsche Entropiekonstante	[µm K]
w	Wiensche Verschiebungskonstante spektraler	
$\alpha(\lambda)$	Absorptionsgrad	[-]
M_λ (T)	spezifische Ausstrahlung eines beliebigen Strahlers	[$W \cdot m^{-2} m^{-1}$]
ε	Emissionsgrad eines beliebigen Strahlers	[-]
c	spezifische Wärmekapazität	[$J \cdot kg^{-1} K^{-1}$]
f	Modulationsfrequenz	[Hz]

Abkürzung	**Benennung**
kfz	kubisch-flächenzentriet
krz	kubisch-raumzentriert
hpd	hexagonal dichtester Packung
RP	Widerstandspunktschweißen
BH	Bake Hardening
TRIP	Transition induced plasticity
TWIP	Twinning induced plasticity
$C_Ä$	Kohlenstoffäquivalent
CP	Complexphase
CPW	Complexphase warmgewalzt
DP	Dualphase
MSW	Martensitstahl warmgewalzt
RPmZW	Widerstandsschweißen mit Zusatzwerkstoff
FEA	Finite- Elemente- Analyse
FEM	Finite- Elemente- Methode
GW	Grundwerkstoff
HV	Härte nach Vickers
WEZ	Wärmeeinflusszone
CFK	Kohlen- faserverstärkter Kunststoff
KTL	Kathodische Tauchlackierung
SIM	Simulation

Inhaltsverzeichnis

1 Problemstellung und Ziel der Untersuchung

Die Entwicklung neuer Fügeverfahren wird erforderlich, wenn mit dem Stand der Technik das Bauteil unter konstruktiven, werkstofflichen und fertigungstechnischen Gesichtspunkten eine bedingte Fügbarkeit erwarten lässt. Ursache für das Auftreten solcher Fügeaufgaben ist beispielsweise im Fahrzeugbau die stetige Weiterentwicklung von Konstruktionswerkstoffen mit Blickrichtung auf das Leistungspotential in der Gesamtstruktur. Eine verbesserte Umformbarkeit, hohe Festigkeiten und Duktilität einhergehend mit bedingt schweißgeeigneten Legierungskonzepten und die Anwendung in der Mischbauweise sind bereits aktuelle Problemstellungen. Eine weitere Herausforderung für die Fügetechnik ist die Einführung neuer Bauweisen wie Spaceframestrukturen mit Werkstoffkonzepten basierend auf Leichtmetallen, hochfesten Stählen und deren Kombination.

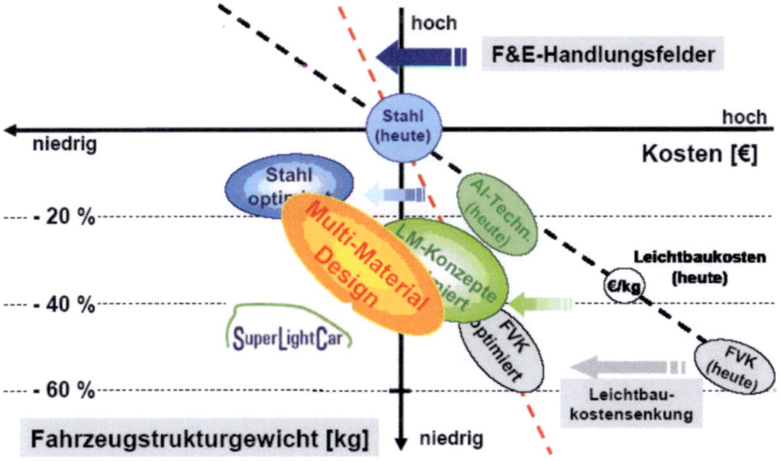

Abb 1 Betrachtung von Werkstoffkonzepten der Zukunft und deren Auswirkung auf Fahrzeuggewicht und Herstellungskosten [103]

Der Abb 1 nach [103] lässt sich entnehmen, dass ein erster Schritt zur Reduzierung des Fahrzeuggewichts unter vertretbaren Fertigungsaufwendungen eine optimierte Stahlbauweise angestrebt wird. Dies wird nach [103] vorangig durch den Einsatz höchstfester Stähle in Kombination mit einer Blechdickenreduzierung realisiert. Ein weiterer Entwicklungsschritt zur Realisierung von Leichtbaustrukturen ist das sogenannte „Multimaterialdesign“, die Kombination höchstfester Stähle mit Leichtmetallen und Kunststoffen. Daraus entwickelt sich die Konsequenz für anwendbare Fügeverfahren, dass für zukünftige Werkstoff- und Bauweisenkonzepte eine drastische Abnahme etablierter thermischer Fügeverfahren zu erwarten ist. Mechanische Fügeverfahren in Kombination mit dem Kleben treten in den Vordergrund. Doch auch diese Verfahren besitzen nur ein begrenztes Anwendungsspektrum in Bezug auf ihren Einsatz bei hochfesten Stählen mit einer Streckgrenze über 1000 MPa und Blechdicken über 1,5 mm [104]. Für Stähle dieser Art bzw. Kombination mit Leichtmetallen existieren bis heute keine serientauglichen

Niet- bzw. Durchsetzfügeverfahren. Für die Widerstandsschweißtechnik ergeben sich daher zwei wesentliche Entwicklungsrichtungen:

1. Nutzung des Leistungspotentials höchstfester Stähle
2. Mischverbindungen zwischen höchstfesten Stählen und Leichtmetallen

In [3] und [4] sind dazu Widerstandsschweißverfahren zum Verbinden von Stahl- mit Aluminium beschrieben, um Alternativen zur wärmearmen Fügetechnik für zukünftige Bauweisen anbieten zu können. Ein wesentliches Problem sind die stark unterschiedlichen Werkstoffeigenschaften. So zeigt Aluminium keine Löslichkeit in Stahl, was nach [95] und [105]bei Schmelzschweißverfahren zur Bildung spröder Phasen und zu technisch begrenzt einsetzbaren Verbindungen führt.
Das Widerstandspunktschweißen (RP) ist das am häufigsten eingesetzte Fügeverfahren im Karosseriebau. So besitzt ein moderner Stahlrohbau einer PKW Karosserie zwischen 4500 und 6000 Schweißpunkte. Das RP-Schweißen zeichnet sich durch einen hohen Automatisierungsgrad, kurze Taktzeiten sowie eine geringe Empfindlichkeit gegenüber Maßhaltigkeits- und Fertigungstoleranzen aus [1]. Durch die zunehmenden Anforderungen an die Karosseriestruktur hinsichtlich Leichtbau und Crashsicherheit, muss auch das Leistungsprofil der Fügestelle angehoben werden. Gefordert werden hohe statische und dynamische Festigkeiten, eine hohe Dauerschwingfestigkeit sowie eine hohe Alterungs- und Korrosionsbeständigkeit.
In [106] werden die Eigenschaften der Fügeverbindung ins Verhältnis zum Leistungspotential des Grundwerkstoffs gesetzt und damit die Verbindungswertigkeit definiert. Insbesondere beim Einsatz von hoch- und höchstfesten Stahlblechqualitäten ist das konventionelle Widerstandspunktschweißen nur noch bedingt in der Lage, die Eigenschaften des Grundwerkstoffs auszunutzen.

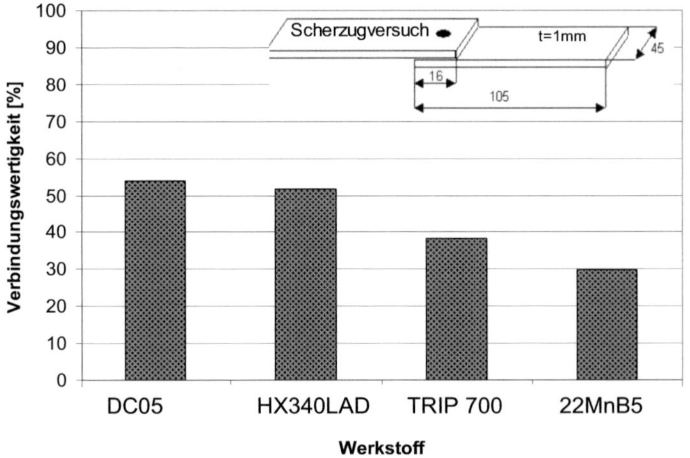

Abb 2 Verbindungswertigkeit beim Widerstandspunktschweißen von Stählen unterschiedlicher Festigkeitsklassen in Anlehnung an [106]

In Abb 2 wird deutlich, dass beim konventionellen Widerstandspunktschweißen (RP) mit zunehmender Grundwerkstofffestigkeit die Verbindungswertigkeit abnimmt.
Obwohl eine Vielzahl von Parametern beim RP-Schweißen variabel sind, ist die Festigkeitssteigerung einer Punktschweißung begrenzt. Beispielsweise sind nach [6],

[11], [63], [67] die Kontaktwiderstände unmittelbar vom Wirken der Elektrodenkräfte auf die jeweiligen Berührungsflächen abhängig. Spalte zwischen den Fügepartnern, verursacht durch Rückfederung nach dem Umformen, erfordern zudem nach [14] bei steigender Festigkeit der Bleche eine erhöhte Elektrodenkraft. Eine festigkeitssteigernde Dimensionierung der Schweißlinse ist nach [21] – [23] abhängig von der verwendeten Blechdicke. Eine weitere Möglichkeit ist die Vergrößerung der Schweißlinse durch den Einsatz größerer Elektroden, was durch den dadurch sinkenden Kontaktwiderstand zur Verwendung höhere Stromstärken und zur Vergrößerung von Flanschen führt. Der Parameterbereich wird nach [1] und [84] durch einen konstruktiv geforderten Mindestpunktdurchmesser (d_{pmin}) und einem verfahrensbedingtem maximalen Punktdurchmesser (d_{pmax}- kurz vor der Bildung von Schweißspritzern) begrenzt.
Um weiteren Einfluss auf die Dimensionierung der Linse, der damit verbesserten Werkstoffausnutzung sowie der Umwandlungsvorgänge in der Wärmeeinflusszone und des Schweißgutes zu nehmen, wird in [1], [2] und [43] das Verfahren Widerstandsschweißen mit Zusatzwerkstoff (RPmZW) in Ansätzen beschrieben. Zu ablaufenden Mechanismen bei der Verbindungsbildung bei den in [63] und [80] angewendeten Methoden, existieren keine Angaben im bestehenden Schrifttum. Ungeklärt bleibt aus diesen Arbeiten auch die Applikationsmethode der Zusatzelemente auf den später erzeugten Bauteilen vor dem Schweißen. In [5] werden unterschiedliche Applikationsmethoden beschrieben und eine technische Lösung mittels Umformung dargestellt. Bei vergüteten Stählen ist diese Applikationsmethode aufgrund der hohen Werkstofffestigkeit nicht anwendbar. Die Applikation mittels Widerstandserwärmung stellt eine aussichtsreiche Variante dar. Bisher existiert hierfür jedoch keine technische Lösung.

Ziel dieser Arbeit ist, durch Weiterentwicklungen des konventionellen Widerstandspunktschweißens, die Verbindungswertigkeit bezüglich der Anwendungen bei hoch- und höchstfesten Stählen deutlich zu steigern. Die Ergebnisse werden anhand der Verbindungseigenschaften (quasistatisch, dynamisch und schwingend) dokumentiert und mit dem Stand der Technik verglichen.
Zusätzlich soll eine Technologie zum Fügen von Stahl-Aluminium-Mischverbindungen unter Anwendung der Widerstandsschweißtechnik dargestellt werden.

2 Stand der Technik

2.1 Widerstandspressschweißverfahren im Automobilbau

2.1.1 Widerstandspunktschweißen (RP)

Das am häufigsten eingesetzte Fügeverfahren in einer Stahlschalenkarosserie ist das Widerstandspunktschweißen, welches nach DIN 8580 zur Gruppe der Widerstandspressschweißverfahren gehört. Es zeichnet sich durch einen hohen Automatisierungsgrad, kurze Schweißzeiten und eine geringe Toleranzempfindlichkeit aus. Beim Widerstandspunktschweißen wird die Fügestelle an den Berührungsstellen durch den Schweißstrom erwärmt und durch gleichzeitiges Zusammenpressen der Elektroden punktförmig verschweißt. Dabei bildet sich je nach Elektrodenform eine punktförmige Fügeverbindung durch die Ausbildung einer Schweißlinse (vgl. Abb 3). Die Größe der WEZ und die Beeinflussung des Gefüges sind unmittelbar mit der zur Bildung der Schmelzlinse erforderlichen Energie und den Kontakt- und Stoffwiderstandsverhältnissen verbunden. Das in der Schweißzone gebildete Gefüge entsteht durch die Vermischung der Grundwerkstoffe. Bei Feinblechen, die durch mikrolegierte und walztechnische Effekte in ihrer Festigkeit gesteigert worden, verkleinert sich das Parameterfeld. Mit der Einbringung von Wärme durch den Schweißprozess gehen die festigkeitssteigernden Gefügestrukturen verloren. Die eingebrachte Wärmemenge (Joulesche Wärme) ist von den in Gleichung 1dargestellten Größen abhängig.

$$Q = \int_{t1}^{t2} I^2 \cdot R \cdot dt \qquad \textit{(Gleichung 1)}$$

Q =Joulesche Wärme
I =Schweißstrom
R =Gesamtwiderstand
T =Schweißzeit

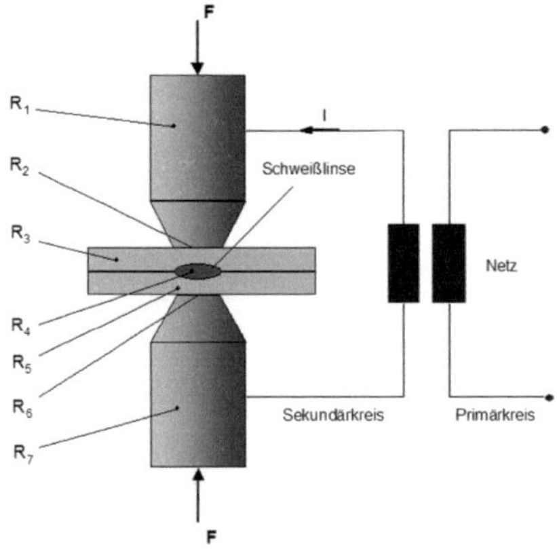

R1, R3, R5, R7 Stoffwiderstände

R2, R4, R6 Kontaktwiderstände

Abb 3 Verfahrensprinzip des Widerstandspunktschweißen

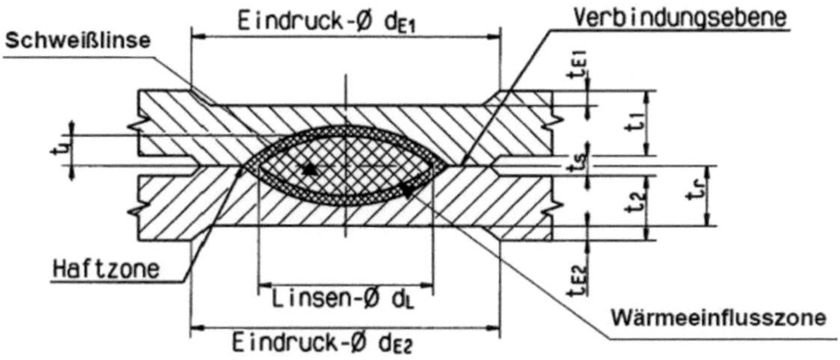

t_L Schweißlinseneindringtiefe
ts Spaltbreite
$t_{E1,2}$ Eindrucktiefe
$t_{1,2}$ Materialdicke
t_r minimale Restblechdicke im Bereich des Elektrodeneindruckes

Abb 4 Schematische Darstellung Schweißpunkt nach [12]

Zusätzlich zu den elektrischen Kennwerten hat die Elektrodenkraft einen wesentlichen Einfluss auf die Ausbildung der Schweißlinse. Sie ist wie in [63] messtechnisch verdeutlicht, einflussnehmend auf die Kontaktwiderstände. Diese sollten zwischen den Blechen möglichst hoch sein, um den Hauptanteil der zugeführten Wärme in der Fügeebene zu konzentrieren. Geringe Kontaktwiderstände sind an den Berührungsflächen zwischen Blech und Elektrode erwünscht, um die Wärmebelastung an der Elektrode so gering wie möglich zu halten und damit die Standzeit der Elektroden zu erhöhen. Aus diesem Grund werden die Elektroden zusätzlich wassergekühlt. In [6], [10], [63] werden Stromdichte und Temperaturen zu Beginn und zum Ende des Widerstandspunktschweißens beschrieben. Daraus geht hervor, dass beispielsweise die Temperatur in der Berührungsebene Elektrode – Blech bis zu 400 °C betragen kann. In [79] werden diese Ergebnisse bestätigt und mittels TiC-Beschichtungen Wege zur Erhöhung der Elektrodenstandzeiten dargestellt.

Ein Nachteil beim Widerstandspunktschweißen ist, dass im Gegensatz zu Schmelzschweißverfahren mit Zusatzwerkstoff kein Einfluss auf die chemische Zusammensetzung der Schmelze genommen werden kann. Lediglich eine Beeinflussung der Gefügeausbildung ist durch Prozesseinstellungen wie Vorwärm- bzw. Nachwärmimpulse möglich. Die positive Gefügebeeinflussung bei TRIP-Stählen durch diese Prozessgrößen wird in [96] beschrieben.

Die mechanischen Eigenschaften werden in erster Linie durch den Schweißpunktdurchmesser bestimmt. Die Größe der Schweißlinse kann je nach verwendeter Blechdicke, Elektrodenform, Elektrodenkraft, Stromstärke und Schweißzeit einen Maximalwert nicht überschreiten. Dies ist die in DIN EN ISO 14327 beschriebene Spritzergrenze. Dabei steigt der Druck im Innern der Schweißlinse so stark an, dass die Elektrodenkraft nicht mehr ausreicht, das Schweißgut im Linseninneren zu halten. Flüssiges Metall wird herausgeschleudert und steht nicht mehr zur Bildung der Schweißlinse zur Verfügung. Der Punktdurchmesser verringert sich gegenüber Parametern kurz unter der Spritzergrenze. Die untere Parameterbereichsgrenze ist an den Werkstoff sowie die verwendete Blechdicke angepasst und soll einen adäquaten Verbindungswertigkeit sicherstellen.

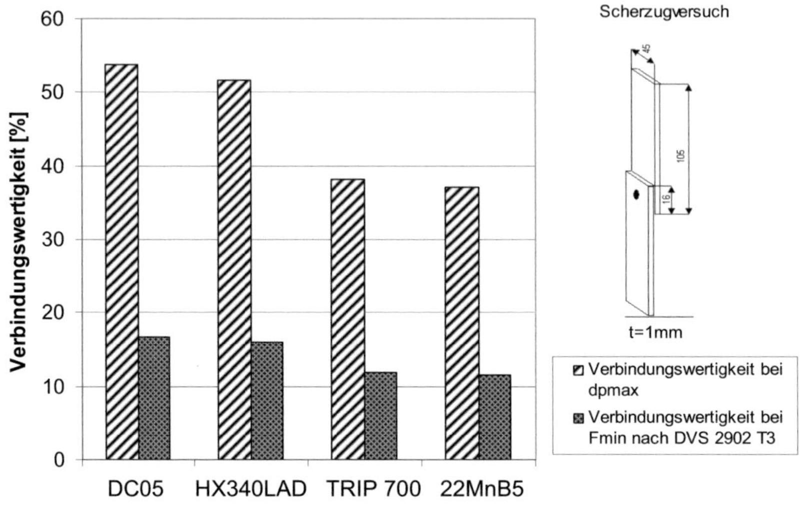

Abb 5 Verbindungswertigkeit bezogen auf die Zugfestigkeit unterschiedlicher Stahlgüten bei einer maximalen Punktgröße und der Mindestscherzugfestigkeit nach [11]

In [11] werden Mindestscherzugkräfte bei unterschiedlichen Blechdicken beschrieben. Diese Vorgaben gelten jedoch nur für Tiefziehstähle mit Zugfestigkeiten bis etwa 410 MPa. Die Verbindungswertigkeit sinkt dann wie in Abb 5 dargestellt auf 10% der Werkstofffestigkeit ab. Für hochfeste Stähle mit Zugfestigkeiten bis 1500 MPa existieren bisher keine Vorgaben. Als unterer Grenzwert wird der Mindestlinsendurchmesser beschrieben, der sich nach (Gleichung 2) aus [12]berechnet.

$$d_{L\min} = 3{,}5 \cdot \sqrt{t} \qquad \text{(Gleichung 2)}$$

Diese Formel wird ebenfalls zur Konstruktionsauslegung bei Tiefziehstählen und auf hochfeste Stähle angewendet. Im Fall, dass die Verfahrensparameter in einer Serienproduktion sich beim Einsatz hochfester Stähle an dieser unteren Grenze bewegen, wird nur noch ein Bruchteil des Potentials des Werkstoffs genutzt. Eine Verschiebung der unteren Verfahrensgrenze zu höheren Nutzungsgraden durch Erhöhung des Multiplikators auf 4 oder 5 in (Gleichung 2) führt laut [14] bei hochfesten Stählen zu einer eklatanten Verringerung des Prozessfensters. Die Folge ist ein erhöhter Fertigungsaufwand zur Gewährleistung der Prozesssicherheit.

Eine weitere Größe zur Bewertung der Tragfähigkeit ist das Verhalten einer Punktschweißverbindung unter schwingender Belastung. Diese wird im Automobilbau im Zugschwellbereich bei R=-0,1 nach Vorgaben aus [74] geprüft. Untersuchungen in [14] und [20] haben gezeigt, dass sich durch den Einsatz eines hochfesten Stahls die Schwingfestigkeit einer Punktschweißverbindung nicht steigern lässt. Der geometrische Einfluss überwiegt. Diese im Vergleich zu weichen

Tiefziehstählen hochfesten Stahlgüten zeigen „ungefügt“ nach [19] eine höhere Schwingfestigkeit als Tiefziehstähle (vgl. Abb 6).

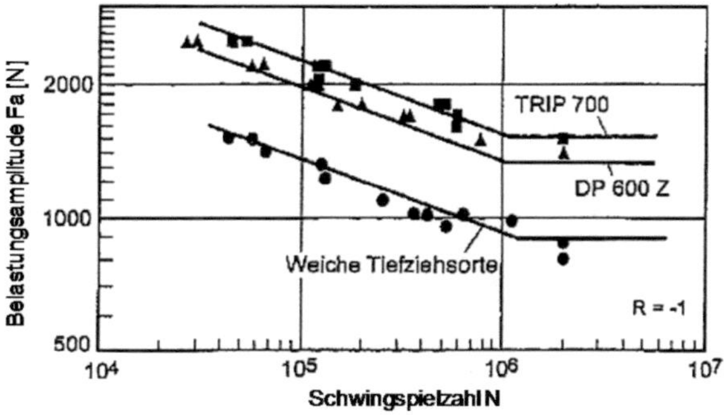

Abb 6 Wöhlerkurven unterschiedlicher Feinbleche ohne Fügeverbindung

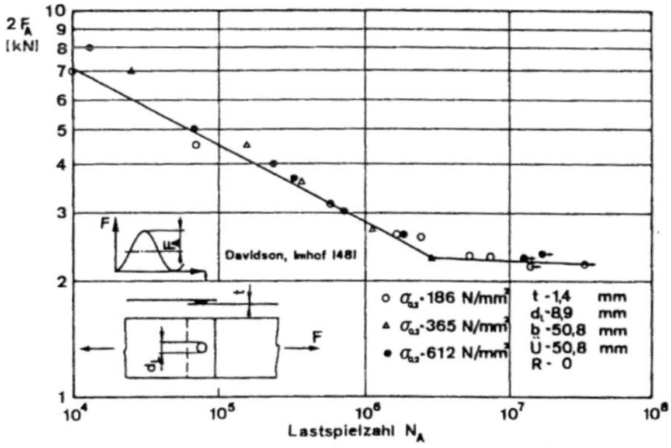

Abb 7 Wöhlerkurven Punktschweißen unterschiedlicher Feinbleche

Die höhere Schwingfestigkeit hochfester Stahlwerkstoffe lässt sich durch das Widerstandspunktschweißen nach dem Stand der Erkenntnisse aus [20] nicht nutzen (vgl. Abb 7). Die Lebensdauer einer punktgeschweißten Fügeverbindung ist demnach weitgehend unabhängig vom verwendeten Stahlwerkstoff.
In [21], [22] und [23] werden nach dem bruchmechanischen Ansatz zur Berechnung der Lebensdauer einer Punktschweißverbindung die Kerbspannungsintensitätsfaktoren K_{In} und K_{IIn} herangezogen. Es handelt sich dabei um die Faktoren nach dem Nennspannungskonzept nach [23] und [73].

$$K_{In} = \frac{1}{\sqrt{3}} \cdot \sigma_{cbn} \cdot \sqrt{t} \qquad \text{(Gleichung 3)}$$

$$K_{IIn} = \frac{1}{\sqrt{3}} \cdot \sigma_{tbn} \cdot \sqrt{t} \qquad \text{(Gleichung 4)}$$

Dabei hat die Blechdicke und der Punktdurchmesser, der quadratisch in die Berechnung der Vergleichspannung eingeht, den größten Einfluss.

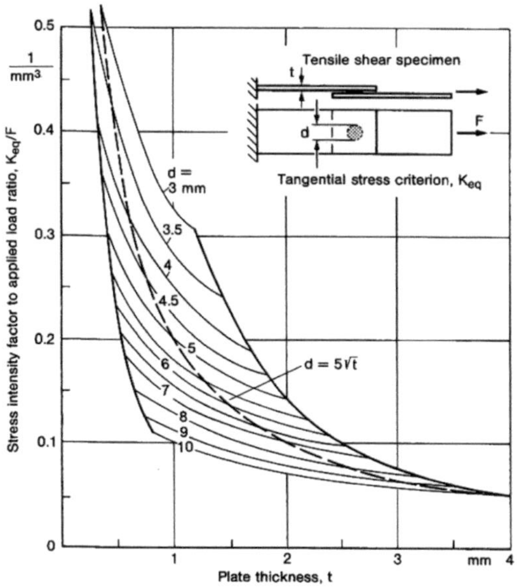

Abb 8 Kerbspannungsintensitätsfaktor bezogen auf die Belastungsreduzierung in Abhängigkeit von der Blechdicke und des Punktdurchmessers[73]

Die Entwicklungsrichtung zur Steigerung der Lebensdauer einer Punktschweißverbindung und der damit verbundenen Erhöhung der Werkstoffausnutzung für hochfeste Stähle ist nach Abb 8 die Vergrößerung des Punktdurchmessers bei konstanter Blechdicke.

Zusätzlich zur Schwingfestigkeit ist die Beurteilung der Energieaufnahme einer Verbindung unter schlagartiger Belastung zur Bewertung des Tragverhaltens von Bedeutung. Während die Energieaufnahme einer Schweißverbindung unter quasistatischer Belastung in etwa dem Wert unter schlagartiger Belastung (v=5m/s) entspricht, zeigen Klebverbindungen bzw. Hybridverbindungen einen deutlichen Unterschied. Klebstoffe besitzen gegenüber Metallen eine deutliche Dehnratenabhängigkeit. Diese spiegelt sich auch in Punktschweißklebverbindungen wider. Zur Bewertung eines Fügeverfahrens sind daher Schlagversuche notwendig, die das Verhalten von Fügeverbindungen bei einem Fahrzeugcrash simulieren sollen.

2.1.2 Widerstandsbuckelschweißen (RB)

Das Buckelschweißen bietet die Möglichkeit, durch das Prägen von Schweißbuckeln den verbundenen Querschnitt und damit die Werkstoffausnutzung zu verbessern. Dazu wird eines der Fügeteile mit einem oder mehreren Schweißbuckeln versehen. Über großflächige meist flache Elektroden wird Strom zugeführt, der über die Buckel fließt. Die Buckel werden infolge der entstehenden Schweißwärme und der Elektrodenkraft zusammengedrückt. Es entsteht eine punktschweißähnliche Verbindung. Der Querschnitt der Schweißlinse wird nach [6], [15] und [16] durch die

Buckelgeometrie bestimmt. Die dort beschriebenen Geometrien sind auf höchstfeste Stähle durch die begrenzte Umformbarkeit bei hohen Pressenkräften und geringen Werkzeugstandzeiten nur eingeschränkt anwendbar. Daher gelten diese Regelwerke nur für niedrigfeste Tiefziehgüten. Eine Überarbeitung mit Fertigungshinweisen und Festigkeitswerten ist dringend notwendig. Ein Prägen in vergütete Materialien, wie in [28] beschrieben, ist nicht möglich. Des Weiteren kann beim Buckelschweißen kein Einfluss auf die Legierungsbildung beim Schweißen genommen werden, welches beim Lichtbogenschweißen durch die Wahl eines geeigneten Zusatzwerkstoffes möglich ist. Der Hauptanwendungsbereich ist wie in [15] beschrieben das Verbinden von Bauteilen mit stark unterschiedlichen Materialstärken. Als Beispiel kann das Anbringen von Schweißmuttern an Karosseriebauteilen angeführt werden. In [6] wurde intensiv der Einfluss der Buckelgeometrie auf die Linsenbildung und damit auf die erreichbaren Festigkeiten in der Mikrofügetechnik untersucht. Ein anderer Anwendungsbereich wird in [97] beschrieben, wo die Anforderungen nach hoher Oberflächenqualität erfüllt werden müssen. Die Verbindungsfestigkeit spielt bei diesem beschriebenen Verfahren eine untergeordnete Rolle.
Hauptsächlich werden mit einem Schweißhub gleichzeitig mehrere Buckel verschweißt.

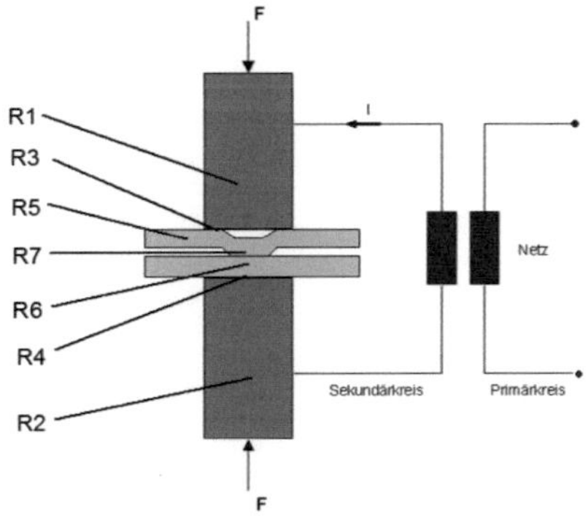

R1 und R2 Werkstoffwiderstand Elektroden
R3 und R4 Kontaktwiderstand Elektrode-Stahlblech
R5 und R6 Werkstoffwiderstand Stahlblech
R7 Kontaktwiderstand Stahlblech-Stahlblech

Abb 9 Verfahrensprinzip des Buckelschweißens

In [6] wurden umfangreiche Untersuchungen zur Gestaltung der Buckelform und der Auswirkung auf das Prozessfenster in der Mikrofügetechnik gemacht. Die dort betrachteten Buckel wiesen Geometrien auf, die durch Prägewerkzeuge für Blech-Blech-Verbindungen laut [16] nicht herstellbar sind. Es handelte sich dabei um das Buckelschweißen gestauchter bzw. geschmiedeter Buckel.
Beim konventionellen Widerstandspunktschweißen existiert ein definierter Parameterbereich, der aus der minimalen Festigkeitsanforderungen und der Spritzergrenze resultiert (vgl. Abb 10).

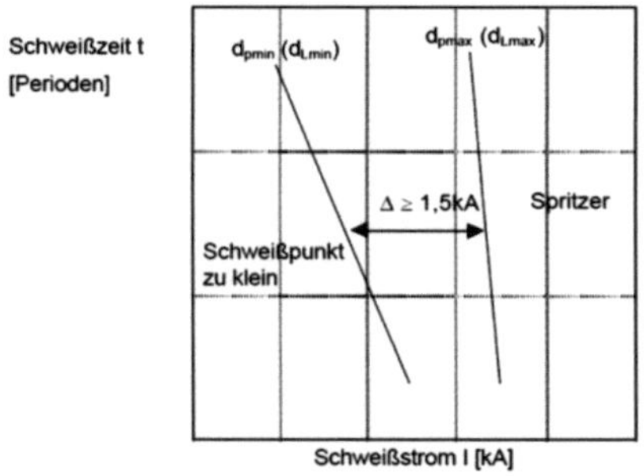

Abb 10 Schweißbereichsdiagramm RP [12]

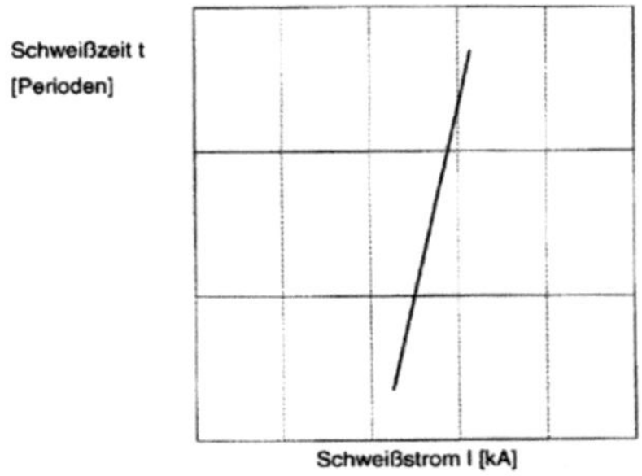

Abb 11 „Schweißbereichsdiagramm“ Buckelschweißen RB nach [101]

Beim Buckelschweißen bestehen nach [15] und [101] lediglich Hinweise zur Parameterwahl. Diese gelten auch nur für Stahlwerkstoffe niedriger Festigkeitsklassen. Nicht nachvollziehbar ist die Abb 11 aus [101], nach der bei gleicher Schweißaufgabe eine gleichzeitige Strom und Schweißzeitreduzierung zu einem gleichen Ergebnis führen soll. In Analogie zum konventionellen Punktschweißen, existiert keine klar definierte obere Verfahrensgrenze. Es besteht an dieser Stelle ein Wissensdefizit, dass jeden Anwender zu einer aufwendigen Parameteroptimierung führt.
Da das Buckelschweißen im Automobilbau nur in seltenen Fällen zum Verbinden von Blech-Blech-Verbindungen genutzt wird, existieren nur geringe Erkenntnisse zum Tragverhalten solcher Verbindungen unter quasistatischer, schlagartiger und schwingender Belastung. Mischverbindungen zwischen Aluminium und Stahl sind daher nur im Rahmen der in [4] entwickelten Randbedingungen möglich. Die zusätzliche Buckelprägung macht einen Einsatz eines solchen Verfahrens für Mischverbindungen nicht sinnvoll.

2.1.3 Widerstandsschweißen/-löten mit Zusatzwerkstoff (RPmZW)

In [1] bis [5] werden auch Varianten des Widerstandsschweißens beschrieben, bei denen gezielt die Eigenschaften einer Punktschweißverbindung auf ihr Anforderungspotential beeinflusst werden. Die Einflussnahme erfolgt über die Verwendung eines Zusatzwerkstoffs beim Punktschweißen. Dieser wird vor dem Fügen der Teile zwischen die Bleche appliziert. Je nach werkstofflicher Zusammensetzung (Lot- oder Schweißdraht) lässt sich zwischen Widerstandsschweißen bzw. Widerstandslöten mit Zusatzwerkstoff unterscheiden. In [3] werden zum Fügen von Stahl mit Aluminium durch Kaltwalzen verbundene Stahl-Aluminium-Plättchen verwendet. Dadurch werden auf den Blechinnenseiten Schweißverbindungen erzeugt. In [2] wird die Anwendung von Lotwerkstoffen beschrieben, wodurch sich dann Widerstandslötverbindungen ergeben. Die erreichten Festigkeiten dieser Verbindungen sind für hochfeste Stähle nicht akzeptabel, da die Verbindungswertigkeit unter quasistatischer Scherzugbelastung nur dem des konventionellen Widerstandspunktschweißens entspricht.
Das Verfahrensprinzip ist dabei gleich und der Abb 12 zu entnehmen. Ähnlich dem Buckelschweißen wird eine Vergrößerung des verbundenen Querschnitts angestrebt. Der Unterschied zum Buckelschweißen besteht darin, dass zusätzliche Elemente zum Einsatz kommen. Dabei kann die Geometrie der Elemente gezielt der Beanspruchung am Bauteil angepasst werden. Durch die Änderung der Kontur lässt sich mit den Erkenntnissen aus [6] auch die Form der Schweißlinse verändern. Die

geometrischen Kenngrößen zur Beurteilung der Verbindungsqualität sind bisher nicht untersucht. Es existieren keine Normentwürfe und Konstruktionsrichtlinien für dieses Verfahren. Diese Lücke zu schließen, soll ein Ziel dieser Arbeit sein.

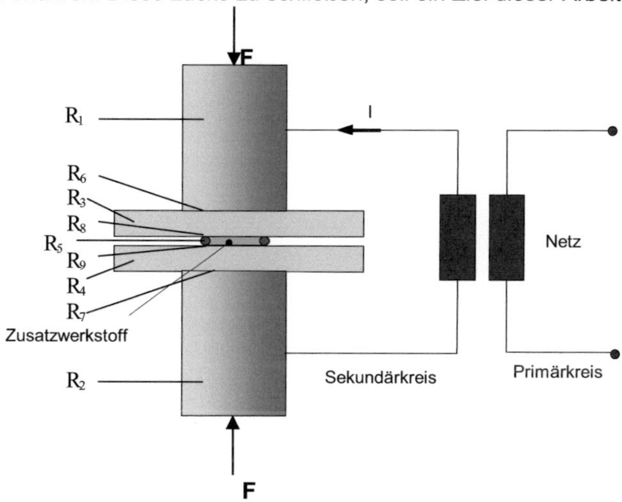

R1 und R2 Stoffwiderstände Elektroden
R3 und R4 Stoffwiderstände Bleche
R5 Stoffwiderstand Zusatzwerkstoff
R6 und R7 Übergangswiderstände Elektroden / Bleche
R8 und R9 Übergangswiderstände Zusatzwerkstoff / Bleche

Abb 12 Schematische Darstellung Widerstandspunktschweißen mit Zusatzwerkstoff

Das Verfahren besitzt folgende Vor- und Nachteile:

Vorteile:
- Stromweg eindeutig definiert durch Geometrie des Zusatzwerkstoffes
- geringe Eindrücke auf Blechaußenseite, da flache Elektroden verwendet werden
- Größe und Geometrie der Schweißlinse variierbar durch Wahl der Einlegeelemente
- Metallurgische Beeinflussung der Schweißlinse möglich (durch freie Zusatzwerkstoffwahl)
- Höhere Verbindungsfestigkeiten (quasistatisch, dynamisch, schlagartig)

Nachteil:
- zusätzlicher Arbeitsgang nötig (Applikation der Einlegeelemente)

2.2 Werkstoffe

2.2.1 Hochfeste Stähle

Seit Beginn der Entwicklung der mikrolegierten Stähle für den Automobilbau Mitte der 70'iger Jahre wurde seitens der Stahlhersteller ein enormer Entwicklungsaufwand betrieben, um der Automobilindustrie je nach Anforderungspotential (Energieaufnahmevermögen, Umformbarkeit, Festigkeit) Stähle anbieten zu können, die eine Blechdicken- und damit eine Gewichtsreduzierung ermöglichen. Dabei wird von höherfesten Stählen gesprochen, wenn die im Vergleich zu konventionellen Stählen neben der höheren Festigkeit auch höhere Dehnungswerte und damit eine verbesserte Kaltumformbarkeit zeigen [18].

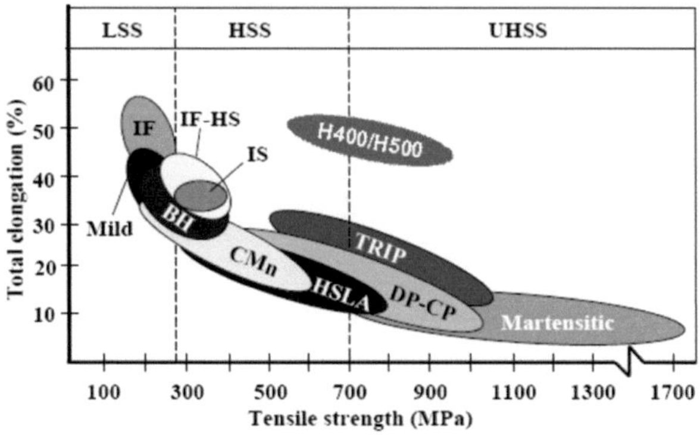

Abb 13 Eigenschaftswerte von Feinblechstahlsorten nach [102]

Für die Untersuchungen zum Widerstandsschweißen wurde sich auf Vertreter entsprechender Festigkeitsklassen konzentriert, deren Eigenschaften in kurzer Form dargestellt werden.

TRIP 700 RA – K 40/70 Z 100 MB 1,0

Restaustenitstähle -RA- (TRIP-Stähle) haben eine ferritisch-bainitische Grundmatrix mit eingelagerten Restaustenitinseln, die sich bei der Umformung zum Bauteil in harten Martensit umwandeln (vgl.Abb 14)

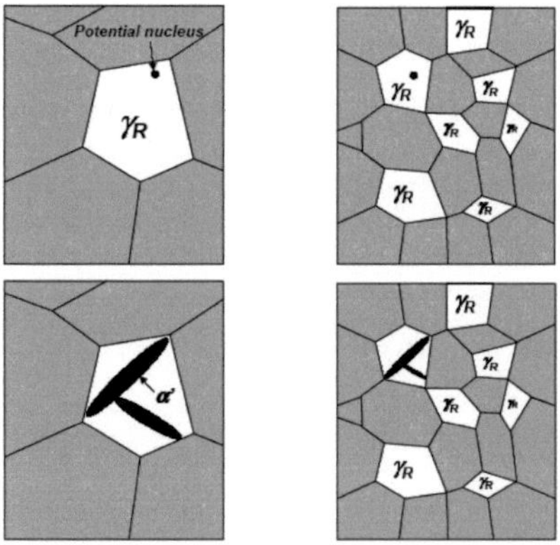

Abb 14 schematische Darstellung der Volumenanteile dehnungsinduziertem Martensits verursacht durch die Korngrößenreduzierung des Restaustenits [99]

Die Abb 15 zeigt ein ZTU – Schaubild für TRIP Stahl. In [96] werden Abkühlzeiten beim Widerstandspunktschweißen von 0,2 bis 1 Sekunde beschrieben. Mit diesen Angaben und dem Diagramm in der Abb 15 lässt sich die Vermutung aufstellen, dass beim Widerstandspunktschweißen dieses Legierungskonzeptes in jedem Fall mit einer Martensitbildung zu rechnen ist.

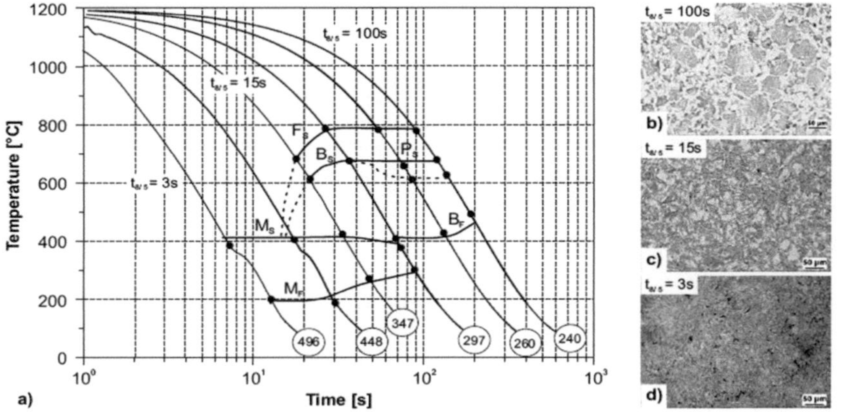

Abb 15 ZTU-Schaubild TRIP 700 nach [100]

Gegenmaßnahmen zur Martensitbildung beim konventionellen Punktschweißen werden ebenfalls in [96] aufgeführt. Dabei wird nach dem eigentlichen Schweißimpuls nach 1,5 Sekunden ein Nachwärmimpuls gesetzt. Dadurch lässt sich die Aufhärtung in der WEZ reduzieren und eine Rissbildung vermeiden.

Tabelle 1 chemische Zusammensetzung TRIP 700

Bezeichnung	$R_{p0,2}$ min N/mm²	R_m min N/mm²	A_{80} in %	Chemische Zusammensetzung (Schmelzanalyse) Massenanteile in % max.										
				C	Si	Mn	P	S	Cr	Mo	Ni	Ti	N	Al
TRIP 700	440-480	600-850	26-22	0,233	0,054	1,691	0,016	0,002	0,03	0,11	0,027	0,003	0,0047	1,564

H 400 (X6 Cr Mn Ni 18 7 3 (1.4376))

Der Stahl H 400 (X6 Cr Mn Ni 18 7 3 (1.4376)) zeichnet sich durch eine hohe Zugfestigkeiten bei hoher Bruchdehnung aus. Dieser Werkstoff besitzt auf Grund dieser Eigenschaften eine gute Umformbarkeit, eine hohe Energieaufnahme unter schlagartiger Belastung (Fahrzeugcrash) und ist korrosionsbeständig.

H 400

→ 400 - Ersatzstreckgrenze Rp0,2 > 400 N/mm²

→ H - hochfest

Tabelle 2 chemische Zusammensetzung H400

Bezeichnung	$R_{p0,2}$ min N/mm²	R_m min N/mm²	A_{80} in %	Chemische Zusammensetzung (Schmelzanalyse) Massenanteile in % max.										Cr-Äqui	Ni-Äqui
				C	Si	Mn	P	S	Cr	Mo	Ni	Ti	N		
1.4376	400-480	600-900	40	0,046	0,407	6,6	0,22	0,006	17,3	0,112	3,78	0,28	0,2	18,0	8,5

Der H 400 besitzt aufgrund seines instabilen austenitischen Gefüges eine starke Neigung zur Kaltverfestigung. Es kommt bereits bei geringen Verformungsgraden zu einer erheblichen Festigkeitszunahme. Dieses Verhalten resultiert aus einer Gefügeumwandlung in Verformungsmartensit.

BTR 165 22MnB5 (vergütet)

Der vergütete 22MnB5 ist der Vertreter mit den höchsten Festigkeiten aber auch mit nur geringen Bruchdehnungen (vgl.Tabelle 4). Der mit Bor legierte 22MnB5 besitzt die in Tabelle 3 aufgeführten chemischen Eigenschaften.

Tabelle 3 chemische Zusammensetzung BTR 165 (22MnB5)

Bezeichnung	$R_{p0,2}$ min N/mm²	R_m min N/mm²	A_{80} in %	Chemische Zusammensetzung (Schmelzanalyse) Massenanteile in % max.									
				C	Si	Mn	P	S	Cr	Mo	Ni	Ti	B
BTR 165	950 – 1250	1300 – 1800	4,5	0,27	0,35	1,35	0,025	0,0015	0,35	0,35	-	0,05	0,005

Aus schweißtechnischer Sicht zu beachten ist der hohe Kohlenstoffgehalt. Nach Tabelle 3bzw. der DIN EN 10 025 ergibt sich für den 22MnB5 ein maximales Kohlenstoffäquivalent von 0,57%. Er ist damit als bedingt schweißgeeignet einzustufen

$$CET=C+(Mn/8)+(Mo/6)+(Ni/17)+(Cr/5)+(V/3)+(Cu/9)+(Si/11)=0,57\% \qquad \text{(Gleichung 5)}$$

(Kohlenstoffäquivalent nach Uwer und Höhne für Gefüge aus reinem Martensit)

Tabelle 4 Physikalische Eigenschaften 22MnB5 im gehärteten Zustand [28]

Kurzzeichen	Zustand	0,2%-Dehngrenze $R_{p0,2}$ MPa	Zugfestigkeit R_m Mpa	Bruchdehnung			Härte
				A_{80} % min.	A_{50} % min.	A_5 ($A_{5,65}$) % min.	HV 10 / HV 30
F	Formgehärtet (Profile)	950 – 1250	1300 – 1800	> 4,5	> 5	> 6	400 - 550
W	induktiv gehärtet (Rohre)	1100 – 1400	1400 – 1900	> 6	> 7	> 8	435 - 575

Die gewünschten Werkstoffeigenschaften in Tabelle 4 werden bei Blechteilen durch eine gezielte Wärmeführung (Warmumformen - Formhärten) erzeugt.

Die Platinen werden für einige Minuten auf ca. 900 °C erhitzt und anschließend in einem Werkzeug mit Wasserkühlung, das sich in einer hydraulischen Presse befindet, umgeformt. Bei diesen Temperaturen weist der Stahl eine hohe Duktilität auf und ist auch bei einer komplizierten Geometrie leicht formbar. Nach einer gezielten Abkühlung erreicht der Werkstoff die hohe Festigkeit (vgl.Tabelle 4).

Es ist aber davon auszugehen, dass dieser Vergütungszustand im Bereich der Wärmeeinflusszone wieder aufgehoben wird.

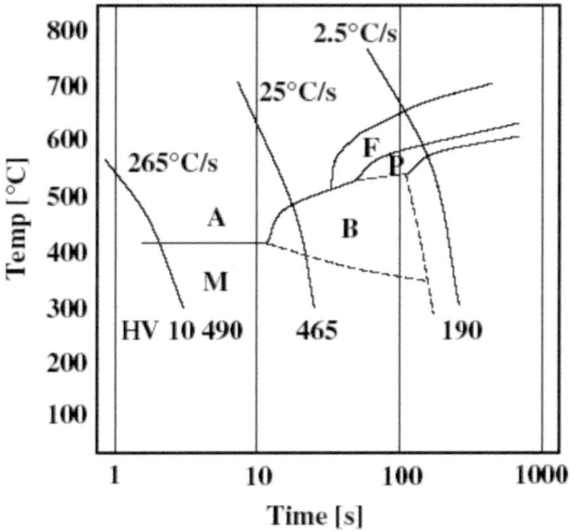

Abb 16 ZTU – Schaubild 22MnB5 nach [102]

Weiterhin zeigt der Werkstoff 22MnB5 kein dehnratenabhängiges Festigkeitsverhalten, wie in Abb 17 dargestellt.

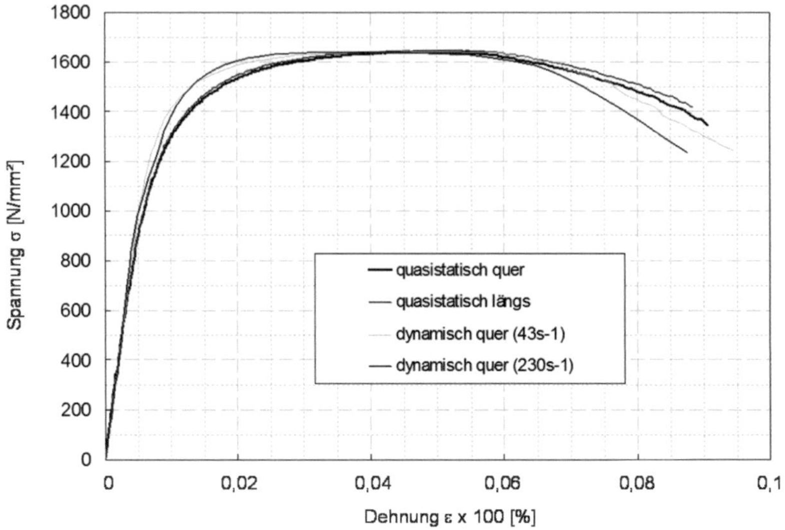

Abb 17 Spannungs-Dehnungs-Verhalten von 22MnB5 für unterschiedliche Dehnraten

In den folgenden Diagrammen werden die für die Simulation wichtigen Werkstoffkennwerte der untersuchten Stähle in Abhängigkeit von der Temperatur verglichen.

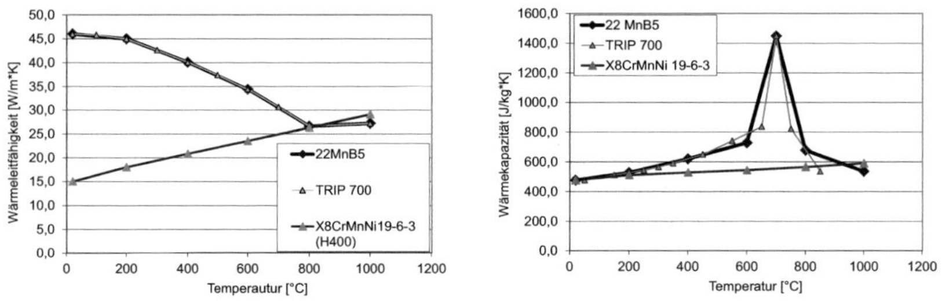

Abb 18 Vergleich der Wärmeleitfähigkeiten und der Wärmekapazitäten in Abhängigkeit von der Temperatur, ermittelt nach [86]

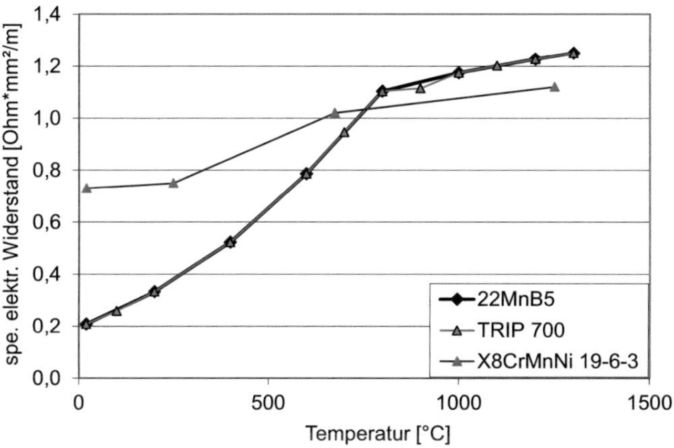

Abb 19 Vergleich des spez. elektr. Widerstands in Abhängigkeit von der Temperatur, ermittelt nach [86]

2.2.2 Aluminiumlegierungen

Die Al-Mg-Si-Legierungen werden wegen ihrer guten Warmformbarkeit am häufigsten im Automobilbau angewendet. Die Beständigkeit gegenüber korrosiven Medien (z.B. Seewasser)wird als gut bis sehr gut beurteilt. Fe und Cu-Gehalte wirken sich schon in geringen Mengen korrosionsfördernd aus, weshalb sie im allgemeinen 0,5 bzw. 0,1 % nicht überschreiten dürfen [24].
Das Feingefüge einer Al-Mg-Si-Legierung besteht aus dem Al-Mischkristall und zahlreichen intermetallischen Verbindungen, wie z.B. Mg_2Si (oft in verzweigter Form), Al_6Mn und Al_3Fe [14].

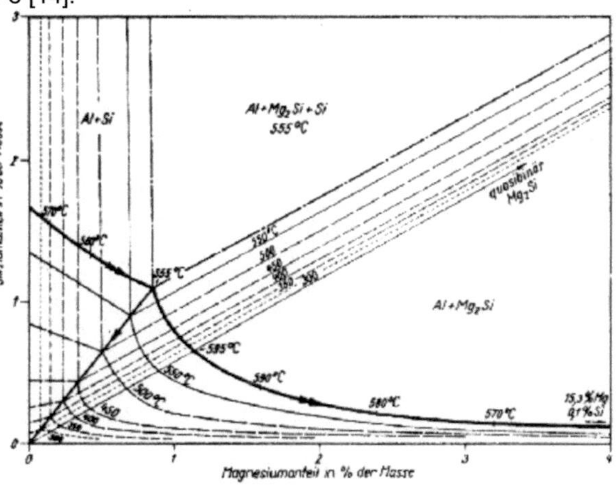

Abb 20 Zustandsschaubild nach [25]

Al-Mg-Si-Legierungen sind über die Phase Mg_2Si aushärtbar. Der technisch interessierende Zusammensetzungsbereich liegt in den Grenzen 0,30 % bis 1,5 % Mg; 0,20 % bis 1,6 % Si, neben 0 % bis 1 % Mn und 0 % bis 0,35 % Cr. Das entspricht etwa 0,40 % bis 1,6 % Mg_2Si und einem wechselnden Anteil an freiem Si bzw. Mg [35].

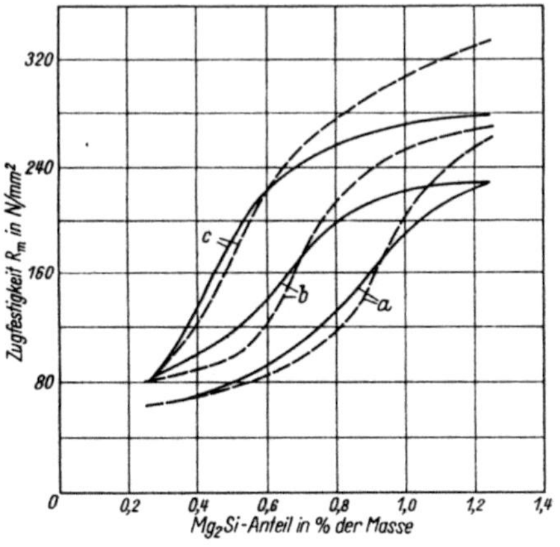

Abb 21 Einfluss des Mg_2Si-Gehaltes auf die Zugfestigkeit [25]

Die Variation des Mg_2Si-Gehaltes wirkt sich auf die erreichbaren Festigkeitswerte aus, wie Abb 21 für den Zustand „warmausgehärtet" zeigt. Eine wesentliche Steigerung der Zugfestigkeit wird durch einen Si-Überschuss hervorgerufen. Auch ein Mg-Überschuss wirkt festigkeitssteigernd, jedoch deutlich schwächer, u.a. weil überschüssiges Mg, im Gegensatz zu Si, die Löslichkeit von Mg_2Si verringert. Manganzusätze im Bereich von 0,2 % und 1,0 % bewirken in AlMgSi-Legierungen eine Steigerung der Kerbschlagzähigkeit und beeinflussen das Rekristallisations- und Ausscheidungsverhalten [26].
Der ausgewählte Vertreter dieser Legierungsgruppe ist die aushärtbare Knetlegierung mit der Handelsbezeichnung AC 120.

Tabelle 5 chemische Zusammensetzung von AlMg0.4Si1.2

Werkstoff	Chemische Zusammensetzung					
	Mg	Si	Fe	Cu	Mn	Cr	Zn
AC120	0,4	1,2	0,25	0,1	0,1	0,05	0,1

Der Schmelztemperaturbereich dieser Legierung liegt zwischen 600...640 °C.

2.2.3 Beschichtungen

Im Karosseriebau werden Bleche mit Korrosionsschutzschichten in Form metallischer Überzüge in erster Linie Zinkbeschichtungen eingesetzt. Zink zeigt eine hervorragende Anlegierungsneigung zu Kupfer bzw. Kupferlegierungen. Dadurch ändern sich nach [10], [79] und [84] die Widerstandsverhältnisse zwischen Blech und Blech bzw. zwischen Elektrode und Blech. Zur Verarbeitung solcher Bleche werden Maschinen mit besonders guten mechanischen Nachsetzeigenschaften empfohlen. Neben den Zinkbeschichtungen werden feueraluminierte Bleche (AlSi-Konzept) bei warmumgeformten Bauteilen eingesetzt, da die Temperaturen bei der Warmumformung 900°C betragen und damit ein Einsatz herkömmlicher Zinkbeschichtungen als Korrosionsschutz nicht möglich ist. Untersuchte Bleche der Güte 22MnB5 (vgl. 2.2.1) besitzen diese Beschichtung. Nach der Warmumformung besitzt diese Beschichtung ein Diffusionsgefüge aus Al-Si-Fe-Phasen laminarer Verteilung über die Schichtdicke.

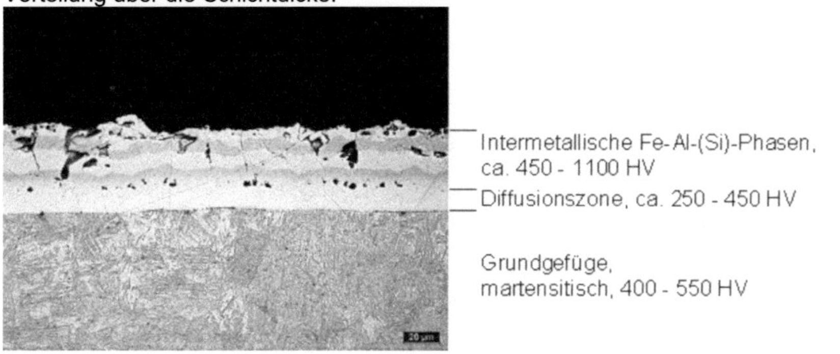

Abb 22 Schichtaufbau und Grundgefüge nach dem Formhärten (500:1) nach [28]

Weiterhin existieren auch organische Beschichtungen mit homogen verteilten Zinkpartikeln. Untersuchungen der letzten Jahre haben allerdings gezeigt, dass diese Beschichtungen zum Widerstandsschweißen auf Grund ihrer schlechten elektrischen Leitfähigkeit ungeeignet sind. Beschichtete Bleche werden in verschiedenen Ausführungen auf dem Markt angeboten. Die folgende Tabelle 6 gibt einen Überblick über die im Weiteren näher beschriebenen Beschichtungsarten [27]

Tabelle 6 Metallische Schutzschichten im Karosseriebau nach [27]

Metallüberzüge			Überzug -dicke (µm)	Karosserie	Aggregate
elektrolytisch abgeschieden					
ZE	ZINCAL	Zn	5..10	++	+
ZE	MONOZINCAL	Zn	5..10	++	+
ZNE	NEURALYT	Zn+Ni(12%)	5..10	++	+
Schmelzüberzüge					
Z	GALVATECT	Zn	7..10	++	+
Z	Monogal	Zn / ZnFe	7..10	++	+
ZA	GALFAN	Zn + Al (5%)	7..20		++
AZ	GALVALUME	Al (55%) + Zn + Si	10..20		+
ZF	GALVATECT ZF (Galvannealed)	Zn + Fe (7-11%)	7..10	++	
organisch beschichtetes Blech					
ZE + Bonazinc	ZINCAL PLUS	Zn + Bonazinc	7..10 / 2	++	+
ZE + Bonazinc	MONOZINCAL PLUS	Zn + Bonazinc	7..10 / 2	++	+

++ sehr gute Eignung; + gute Eignung; _ungeeignet

2.4 Prozesssimulation

Beim Widerstandsschweißen mit Zusatzwerkstoff treten im Gegensatz zum konventionellen Widerstandspunktschweißen eine Vielzahl von zusätzlichen Variablen auf. Deren Einfluss auf den Prozess würde einen erheblichen Versuchsaufwand darstellen. In den Arbeiten [6], [41], [63] und [80] wurde versucht, den Einfluss unterschiedlicher Kontaktwiderstände durch optische Beobachtungen zu visualisieren. Diese aufwendige und ebenfalls modellhafte Methode kann nicht zur Verfahrensentwicklung genutzt werden.
Eine andere Methode der Prozessvisualisierung ist die Verwendung eines Simulationstools, dessen Grundlagen auf Arbeiten in [6], [65], [85]-[87] zurückgehen. Zu Beginn der Untersuchung konnte die Software „SORPAS®“ auf Grund der bei diesem Verfahren auftretenden hohen Umformungen am Zusatzmaterial nicht eingesetzt werden. Die Verkettung, der in der Simulation angewandten Modelle, zeigt die Abb 23. Trotz Rechenzeiten von 8 h kam es zu negativen Lösungen der Jacobi Matrix. Hier wurde zusammen mit dem Entwickler eine Lösung gefunden, bei dem ab bestimmten Zuständen die in [85] beschriebenen Zusammenhänge der Modelle verifiziert werden. Somit war dieses Simulationstool auf das zu untersuchende Verfahren anwendbar. Dadurch war es späteren Arbeiten zum indirekten Widerstandsschweißen in [89] bzw. zum Widerstandspressbolzenschweißen [90] möglich, die untersuchten Prozesse simulationstechnisch darzustellen.

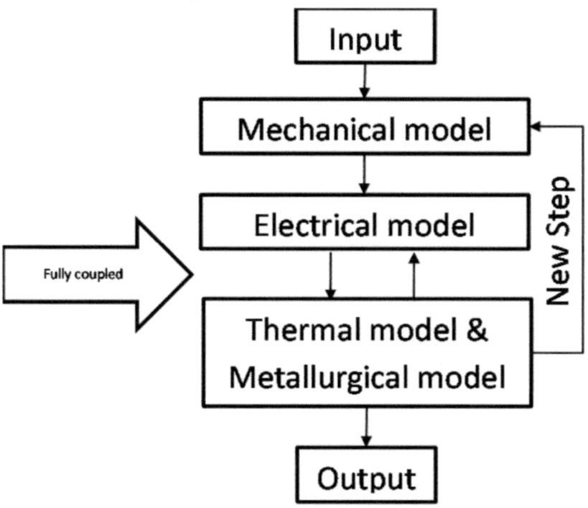

Abb 23 Verkettung der Modelle nach [85]

Die Verwendung eines Zusatzwerkstoffs beim Widerstandspunktschweißen bietet dem Anwender eine Vielzahl gestalterischer Möglichkeiten. Dabei bedingen geringförmige Modifikationen am Ausgangszustand des Zusatzelementes wie Art, Kontur, Geometrie sowie der vorangegangene Applikationsprozess (Aufkleben, -schweißen, -löten, -spritzen) einen hohen Zeit- und Arbeitsaufwand zur Bestimmung geeigneter Parameter. Erhebliche Kosten entstehen, wenn zusätzlich Werkzeuge zur Halbzeugherstellung gefertigt werden müssen, bevor der erste Schweißversuch durchgeführt wird. Dieser Fall tritt zum Beispiel beim Fertigen der Prägewerkzeuge für das Buckelschweißen auf. Ein adäquates Problem ist die Herstellung von speziellen Konturen für das RPmZW durch Drahtwalzen. Einen kurzen Überblick über die Vorteile der Prozesssimulation bietet Abb 24.

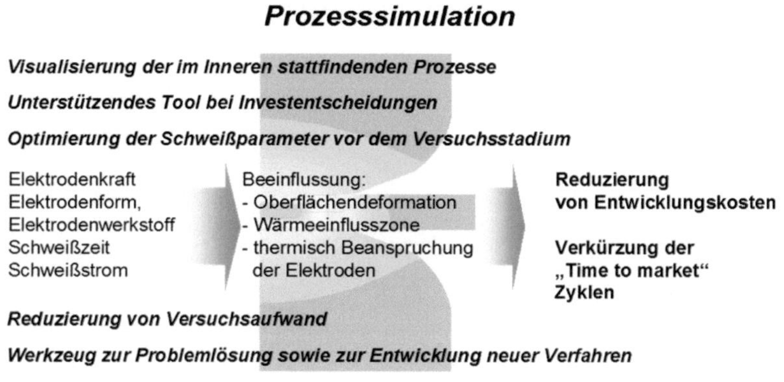

Abb 24 Wesentliche Vorteile bei der Anwendung von Simulationssoftware

In [36] bis [40] werden verschiedene Systeme zur Simulation von Widerstandsschweißverfahren beschrieben. Das bekannteste ist „SPOTSIM“ entwickelt vom ISF Aachen, welches leider keine geometrischen Freiheiten bietet und speziell auf das Widerstandspunktschweißen anwendbar ist. Von der Uni Stuttgart wurde das Programm „Spotwelder“ entwickelt, welches leider nicht frei auf dem Markt erhältlich ist und daher über die Leistungsfähigkeit dieser Software keine Aussagen gemacht werden können. „Sysweld“ ist ein Programm der ESI-Group. Mit dieser Software kann das MIG-, Laser- und Widerstandspunktschweißverfahren simuliert werden. Das System ist zur detailierten Beschreibung der Vorgänge bei einer Widerstandsschweißung nicht ausreichend.
Die Simulationssoftware SORPAS® (**S**imulation **O**f **R**esistance **P**rojection **A**nd **S**pot Welding) der Firma Swantec ist ausschließlich für Widerstandsschweißverfahren entwickelt worden. In [6] wurden damit umfangreiche Simulationen zum Buckelschweißen durchgeführt. Die hier zu untersuchenden Verfahren weisen eine ähnliche Charakteristik wie das Buckelschweißen auf. Daher wird für die Verfahrensentwicklung zum RP mit Zusatzwerkstoff diese Software gewählt.
Die Software ist auf Besonderheiten des Widerstandsschweißens, wie hohe Temperaturgradienten, thermische und elektrische Leitfähigkeitsänderung, Änderung der Wärmekapazität sowie Wärmeausdehnung ausgelegt. Eine wesentliche Eingangsgröße für dieses FEM-Tool, ist die Änderung der Fließeigenschaften der Materialien. So wurden für alle Materialien, entsprechend gestaffelt der zu erwartenden Temperaturen, Fließkurven aufgezeichnet. Eine thermo-mechanische Zug-Druck-Maschine (Gleeble-Anlage) diente zur experimentellen Bestimmung dieser Werte. Grundgedanke war die Aufnahme der Fließspannung als Funktion von der Temperatur, der Dehnung sowie der Dehnungsgeschwindigkeit. Als mathematisches Modell wurde die erweiterte Hollomon-Gleichung gewählt (Abb 25). Mit Hilfe eines 2-D Fit-Plots wurden die benötigten Koeffizienten ermittelt.

$$\sigma = C \cdot (B + \varepsilon)^n \cdot \dot{\varepsilon}^m \text{ (Gleichung 6)}$$

Bedeutung:

σ	=	Fließspannung
C	=	Konstante
B	=	Vorspannung Material
ε	=	Dehnung
n	=	Dehnungsverfestigungsexponent
$\dot{\varepsilon}$	=	Dehnungsgeschwindigkeit
m	=	Dehnungsgeschwindigkeitsverfestigungsexponent

Diese Koeffizienten finden sich in den Materialdatenbanken wieder. In Abb 25 ist ein Beispiel für einen CrNi- Werkstoff dargestellt.

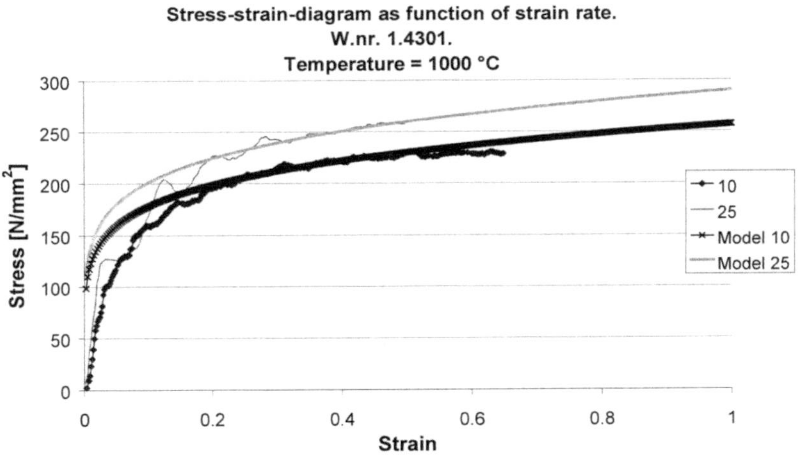

Abb 25 Vergleich zwischen experimentell und mathematisch bestimmten Fließspannungskurven für Dehnungsgeschwindigkeiten von $10s^{-1}$ und $25s^{-1}$[6]

Ein weiterer wichtiger Aspekt ist die Definition der Stoff- und Übergangswiderstände in Abhängigkeit von der Temperatur. Widerstände haben, auf Grundlage des Gesetzes der Joulschen Wärmegleichung, besondere Bedeutung beim Widerstandspressschweißen. Die Stoffwiderstände können recht einfach und schnell ermittelt werden. Das Problem bei der Bestimmung der Übergangswiderstände besteht in der Vielfältigkeit der Einflüsse. Beispielsweise wirken auf den Kontaktwiderstand die Verunreinigungen auf der Oberfläche und diese können durch die Elektrodenkraft variiert werden. Es existieren unterschiedliche Verunreinigungen, z.B. Oxidschichten, Ölfilm, Schmutz. Diese Verunreinigungen besitzen unterschiedliche Verdrängungseigenschaften, wodurch sich die Schwierigkeit einer detaillierten Beschreibung des Anfangszustands erhöht.

3 Präzisierung der Aufgabenstellung

Neuartige Werkstoffe und Bauweisen bedingen die Neuentwicklung von Fügeverfahren, die in der Lage sind, die hochqualitativen Eigenschaften moderner Werkstoffe im Zusammenspiel mit der Konstruktion zu nutzen. Im Automobilbau bestehen zusätzlich Anforderungen wie Kostenattraktivität, Prozesssicherheit und Qualitätssicherheit. Beschriebene Widerstandsschweißverfahren, die einen Zusatzwerkstoff verwenden, versprechen diese Anforderungen zu erfüllen. Deren bisheriger Entwicklungsstand ist für den Einsatz in einer Serienfertigung nicht ausreichend. Wesentliche Parameter und deren Einfluss auf die Verbindungseigenschaften sind nur teilweise beschrieben. Auf Applikationsmöglichkeiten für Zusatzwerkstoffe wird hingewiesen. Aus dem bisherigen Kenntnisstand ergeben sich folgende Untersuchungsschwerpunkte.
Zum Einsatz des Widerstandsschweißens mit Zusatzwerkstoffen ist ein vorgelagerter Applikationsprozess notwendig. Dazu werden mögliche Fertigungsprozesse betrachtet und im Hinblick auf Ihre Anwendbarkeit in einer Serienproduktion verglichen und bewertet. Daraus wird eine entsprechende Applikationstechnik ausgewählt und die notwendige Prozesstechnik entwickelt.
Die wesentlichen Einflussgrößen auf den darauffolgenden Fügeprozess sind Geometrie, Kontur, chemische und physikalische Eigenschaften der verwendeten Zusatz- und Grundwerkstoffe. Zur Reduzierung des Versuchsumfangs werden im Vorfeld Prozesssimulationen durchgeführt, deren Ergebnisse in die FEM-Simulation zur Ermittlung der zu erwartenden Festigkeitseigenschaften einfließen.
Durch den Aufbau und die Nutzung einer solchen Simulationskette soll die Wirksamkeit des Einsatzes der Simulation zur Prozessentwicklung nachgewiesen werden. Weiterhin soll der praktische Versuchsaufwand durch die hohe Anzahl auftretender Variationskoeffizienten eingeschränkt werden. Die Anwendbarkeit der Simulationssoftware wird vorher mit realen Schweißversuchen validiert. Durch den Aufbau entsprechender Messtechnik (Kraft-, Strom-, Spannungsmessung) wird die Übertragbarkeit der in der Simulation betrachteten Parameter auf die Schweißanlage überprüft. Dadurch wird sichergestellt, dass simulierte Einflussgrößen sich auch in der Realität nachweisen lassen und die Simulation als Werkzeug zur Prozessentwicklung und Vorhersage geeignet ist.
Durch den Einsatz des Widerstandsschweißens mit Zusatzwerkstoff entsteht die Möglichkeit, im Rahmen bestehender Konstruktionsgrundlagen (Flanschbreiten) und in der Serie vorhandener Anlagentechnik, Einfluss auf die Verbindungsfestigkeit durch Modifikation der Form, Kontur, chemischer und physikalischer Eigenschaften zu nehmen. Aussichtsreiche Entwicklungsrichtungen sollen anhand von FEM-Simulationen und deren Validierung mittels Festigkeitsuntersuchungen ausgewählt werden.
Die Charakterisierung der Verbindungseigenschaften wird durch Festigkeitsuntersuchungen unter quasistatischer, dynamischer und schwingender Belastung durchgeführt. Die Energieaufnahme gefügter Verbindungen beim Fahrzeugcrash beispielsweise wird anhand dynamischer Schlagversuche geprüft. Das Verhalten einer Widerstandsschweißung mit Zusatzwerkstoff im Lebenszyklus eines Fahrzeugs wird durch Schwingfestigkeitsprüfungen mit und ohne Korrosion simuliert. Bei allen Prüfungen werden die erreichten Festigkeiten in Abhängigkeit verwendeter Schweißparameter und Zusatzwerkstoffe dargestellt. Durch

Härtemessungen wird der Einfluss der Prozessparameter auf verwendete Grund- und Zusatzwerkstoffe nachgewiesen. Anhand von Schliffbildern wird der Gefügeaufbau von Verbindungen beschrieben. Ein weiterer zu untersuchender Parameter ist der Einfluss der Korrosion auf entsprechende Materialkombinationen. Dabei werden nach Alterung unter korrosiven Medien Festigkeitsuntersuchungen durchgeführt.
Bevor es zur Anwendung neuer Fügetechniken im Karosseriebau kommt, müssen geeignete Verfahren zur Qualitätssicherung entwickelt werden. Ein Ziel der Untersuchung ist es die Anwendbarkeit vorhandener Qualitätssicherungsmaßnahmen anhand der neu-entwickelten Technologie zu überprüfen. Dabei werden auch aktuelle Entwicklungstrends zur zerstörungsfreien Prüfung betrachtet.

Als Ergebnis der Untersuchungen soll ein prozesssicherer Verfahrensablauf zum Widerstandsschweißen mit Zusatzwerkstoff entwickelt sein, ein Modellvorschlag zur Entwicklung zukünftiger Schweißtechnologien durch Prozesssimulation gegeben werden, wesentliche Prozesseinflussgrößen dokumentiert sein, Konstruktions- und Fertigungsrichtlinien gegeben werden und das Eigenschaftspotential bzw. die Notwendigkeit dieser Fügetechnik gegenüber dem Stand der Technik nachgewiesen sein.

4 Versuchsplanung / -durchführung

Das Widerstandsschweißen mit Zusatzwerkstoff ist ein zweistufiger Prozess. Der vorgelagerte Prozessschritt der Applikation des Zusatzwerkstoffes beeinflusst den folgenden Schweißprozess. Beide Prozesse sind verkettet und können daher nicht getrennt voneinander entwickelt werden. Das RPmZW hat eine Vielzahl von werkstofflichen und geometrischen Variationsmöglichkeiten. Ziel der Arbeit ist es daher, die entscheidenden Prozessgrößen und deren Einfluss auf die Verbindungseigenschaften herauszuarbeiten. Zur Vermeidung eines von möglichen Fehlentwicklungen begleiteten pragmatischen Vorgehens wird ein FEM-Modell zur Prozesssimulation entwickelt. Nach der Klärung der Vorgänge bei der Verbindungsbildung werden Schweißversuche durchgeführt. Die erzeugten Verbindungseigenschaften werden anhand karosseriebaurelevanter Beanspruchungen untersucht. Daraus lassen sich Konstruktions- und Fertigungshinweise ableiten. Aus der Kenntnis des Eigenschaftsprofils dieser Verbindungen ist eine Prüfnorm ableitbar.
Ausgehend von dieser theoretischen Vorgehensweise unterteilt sich die Arbeit daher in folgende Programmschritte mit entsprechenden Unterprogrammen.

Abb 26 Programmablaufplan zur Bearbeitung der Aufgabenstellung

4.1 Anlagen- und Messtechnik

4.1.1 Einrichtungen zum Widerstandsschweißen

Traditionell stehen zum Widerstandsschweißen im Wesentlichen drei Stromquellen zur Verfügung deren spezifische Vor- und Nachteile in [30] beschreiben werden.

- Einphasenwechselstrom
- Dreiphasengleichstrom
- Kondensatorentladung

Die technische Weiterentwicklung der Transformatoren- bzw. Invertertechnologie führte zur Einführung von Mittelfrequenzinvertern zum Widerstandspunktschweißen. Dabei wird im Gegensatz zum Dreiphasengleichrichter nicht die Netzfrequenz sondern eine vom Inverter erzeugte Frequenz von 1000 Hz gleichgerichtet.

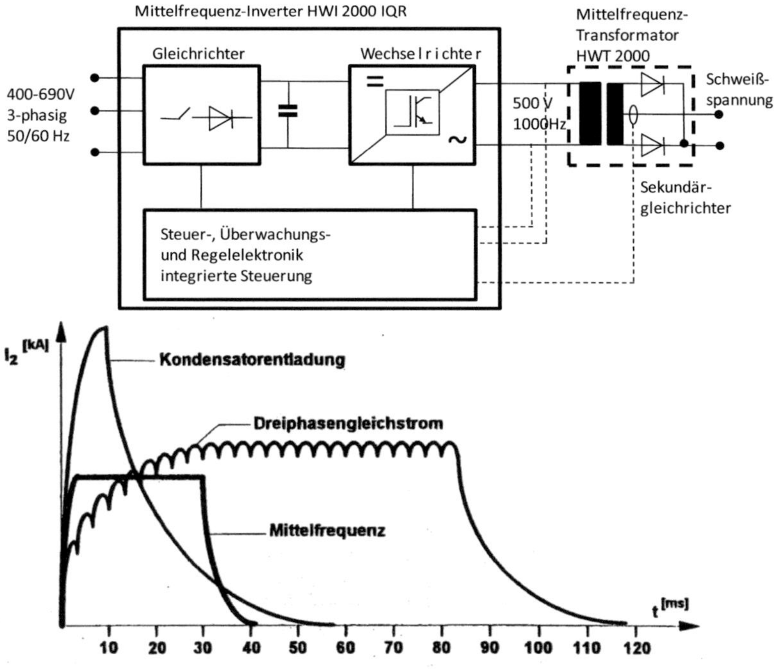

Abb 27 Prinzipaufbau eines Invertersystems nach [29] und Vergleich der Stromverläufe unterschiedlicher Stromquellen nach [30]

Wie in Abb 27 zu sehen, sind mit der Mittelfrequenztechnik Stromanstiegszeiten möglich, die sich nahe dem Kondensatorentladungsschweißen bewegen. Gegenüber der weit verbreiteten Einphasenwechselstromtechnologie (50 Hz) bei der in 20 ms Schritten ein Regeleingriff der Schweißsteuerung erfolgen kann, ist mit Mittelfrequenztechnik eine Steuerung des Stroms im einstelligen Millisekundenbereich möglich.

Zu Beginn wurden Vorversuche auf einer 50 Hz Buckelschweißmaschine mit pneumatischem Kraftaufbau, in Anlehnung an Ergebnisse in [63], durchgeführt.

An dieser Maschine konnte kein Strom- / Spannungssignal während des Prozesses erfasst werden. Weiterhin wurden bei Kraftmessungen Abweichungen der Elektrodenkraft von mehr als 10% registriert.

Die Option der schnellen Regelung ist besonders für Buckelschweißverfahren wichtig. Da in dieser Arbeit ein ähnliches Verfahren untersucht werden soll, wurde anhand der Erkenntnisse aus den Vorversuchen folgende Schweißanlage ausgewählt:

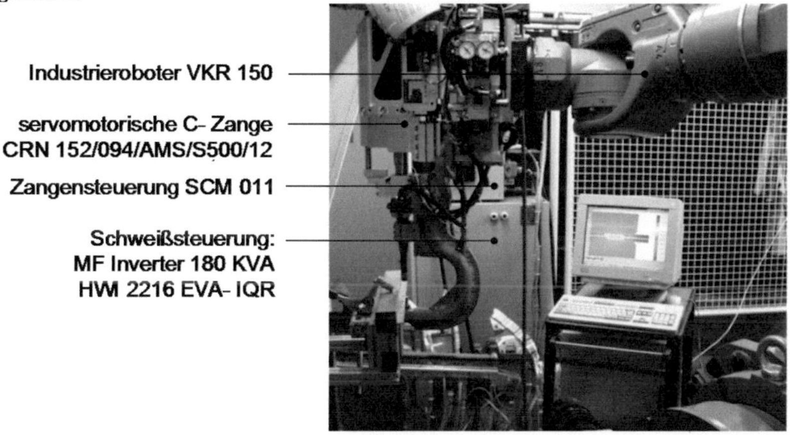

Abb 28 Aufbau Versuchsstand

In [10] werden zum Widerstandsschweißen von beschichteten Blechen Maschinen mit sehr guten Nachsetzverhalten empfohlen. Servomotorische Schweißzangen besitzen diese Eigenschaft. Um während des Schweißprozesses unabhängig vom Stromprofil ein Kraftprofil einstellen zu können, wurde für die Versuche eine servomotorische Schweißzange in C-Bauform ausgewählt. Im Gegensatz zu weitverbreiteten pneumatischen Schweißzylindern besteht die Möglichkeit, kraft- und weggeregelt den Prozess zu steuern. Um ein exaktes Nachfahren der eingegebenen Parameter ohne einen Regelzyklus zu gewährleisten, wurde mit Hilfe der Konstantstromregelung geschweißt.

4.1.2 Strom-, Spannung-, Widerstands- und Kraftmessung

In Anlehnung an den in [4] und [31] gewonnen Ergebnissen erfolgte die Strommessung durch analoge Integration eines am Trafo befindlichen Induktionsspulensignals. Die Spannung wurde durch direkten Abgriff an den Elektrodenarmen ermittelt. Diese Signale wurden über eine RS 232 Schnittstelle aus dem Inverter an einen PC übermittelt. Zur Aufzeichnung der Werte wurde die Software „Delta U" verwendet. Der Widerstand wurde aus den Strom – Spannungswerten errechnet.
Zur Ermittlung der Kraft während des Schweißens wurde ein „HighSens" Dehnungssensor (Typ 9232A) am Zangenarm appliziert. Das Signal wurde durch einen Ladungsverstärker (Typ 5015A1000) über die RS 232 Schnittstelle an den Messrechner übertragen (vgl. Abb 29).

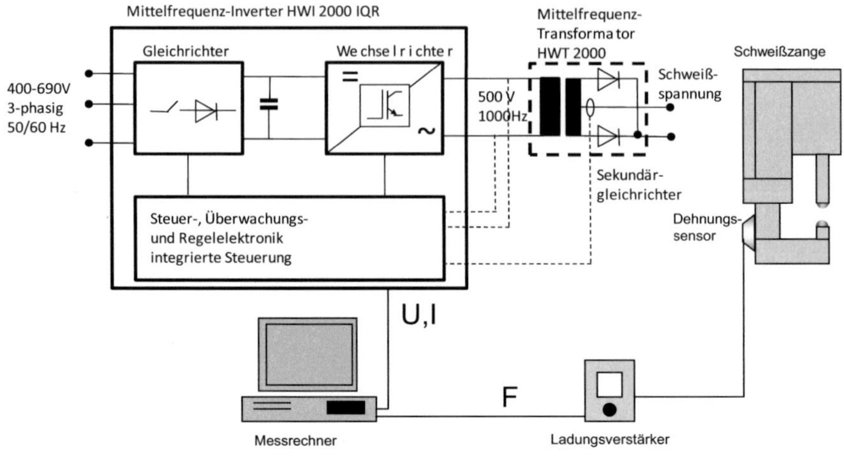

Abb 29 Aufbau R, U, I, F – Messung, Versuchsstand

4.2 Mechanisch-Technologische Prüfmethoden

4.2.1 Quasistatisch

Für die Durchführung von Zugversuchen an gefügten, metallischen Werkstoffen hat sich die Probenform 1 entsprechend PV6702 / DIN EN ISO 14273 Scherzugprüfung bewährt, wobei die dabei vorgeschriebene Überlappung von 35 mm auf Grund der Praxisrelevanz und Vergleichbarkeit der Ergebnisse bei punkt- und flächenförmigen Verbindungen auf 16 mm bzw. bei linienförmigen Verbindungen auf 8 mm reduziert wurde.

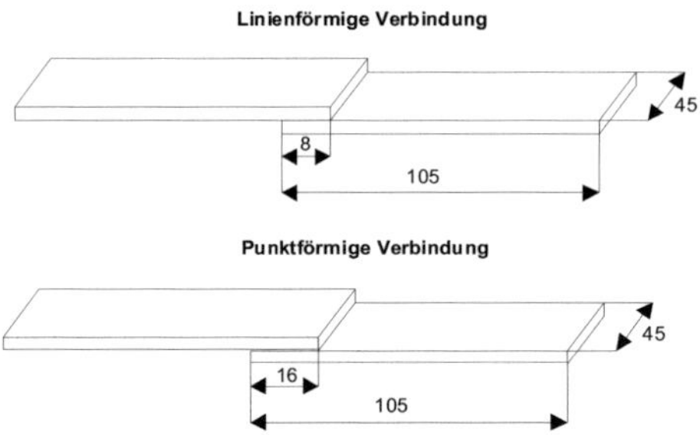

Abb 30 Probenform für quasistatische Zugprüfung gefügter Dünnblechproben [12]

Die Prüfgeschwindigkeit beträgt v=10 mm/min. Der Probenversatz in der Einspann-vorrichtung wurde ausgeglichen. Die freie Einspannlänge beträgt 100 mm.

4.2.2 Schlagartig

In [19] werden Versuche an gefügten Hohlprofilen zur Untersuchung der Crashbelastbarkeit gefügter, bauteilähnlicher Proben beschrieben. Dabei wird die Probe in Anlehnung an das Verhalten des vorderen Längsträgers beim Frontalcrash im Fallturm gestaucht. Bei dieser Prüfung ist der Einfluss des Fügeverfahrens auf das Versagensbild untergeordnet. Aus diesem Grund wurde ein Aufbau entsprechend Abb 32 zur Beurteilung der Energieaufnahme der Fügeverbindung unter schlagartiger Belastung gewählt. Die Probenform wurde zur Vergleichbarkeit mit der Energieaufnahme bei quasistatischer Belastung gemäß Abb 31 gestaltet.

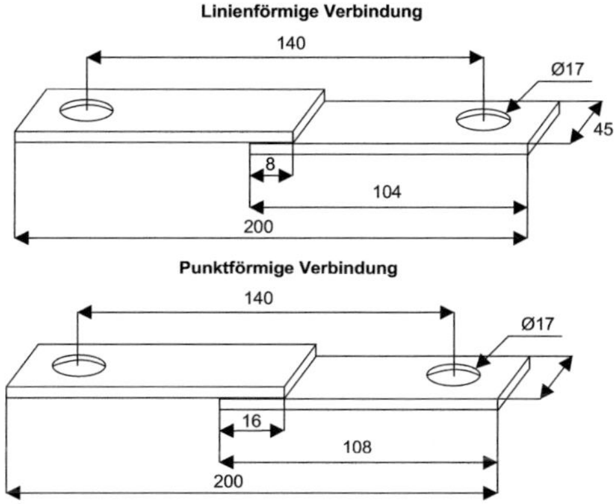

Abb 31 Probenform für quasistatische Zugprüfung gefügter Dünnblechproben [58]

Geprüft wurde mit einer Aufschlaggeschwindigkeit von 5,4 m/s. Ausgewertet wurde die Energieaufnahme der Probe bis zum Bruch. Weiterhin ist das Pendelschlagwerk mit einem Kraftaufnehmer ausgestattet.

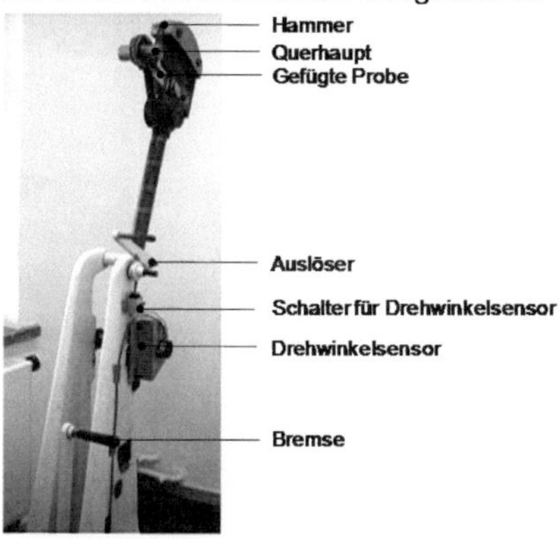

- Masse des Hammers:
  25,79 kg
- Masse des Querhauptes:
  2,96 kg
- max. Belastungsgeschwindigkeit der Probe: 5,51 m/s
- Auslenkung aus der Ruhelage:
  160°
- Pendellänge:
  800 mm

Abb 32 Aufbau des Pendelschlagwerks

4.2.3 Hochgeschwindigkeitszugversuch ("Schnellzereißversuch")

Bei dieser Prüfung wird ähnlich dem Versuch auf dem Pendelschlagwerk eine gefügte Dünnblechprobe unter hoher Geschwindigkeit stoßartig belastet. Aufgenommen wird ein Kraft-Weg-Verlauf. Die Prüfgeschwindigkeit wurde vergleichbar zum Pendelschlagversuch mit 5 m/s gewählt. Die hierbei auftretenden Dehnraten in der Probe bzw. in der Fügezone fallen in die Größenordnungen, die örtlich maximal in Hochgeschwindigkeitscrashversuchen mit realen Karosseriestrukturen auftreten.

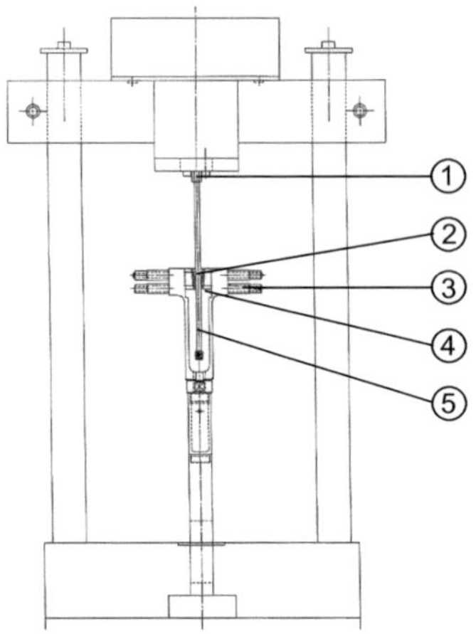

1 Obere Einspannung

2 Untere Einspannung ("schneller Beißer")

3 Spannschrauben für Vorspannkraft

4 untere Spannvorrichtung mit Federgabel

5 Probe

Abb 33 Aufbau der Schnellzereißmaschine

Abb 33 zeigt den Aufbau der verwendeten Schnellzereißmaschine. Die untere Spannvorrichtung wird auf den vorgegebenen Wert beschleunigt. Durch ein Herausschlagen der Befestigungskeile greift die Federgabel mit den unteren Spannbacken zu und überträgt die vorher aufgegebene Vorspannkraft schlagartig auf die Probe. Im Gegensatz zum Pendelschlagwerk erfolgt der Kraftaufbau allmählicher. Die Ergebnisse beider Prüfungen sind nur bedingt miteinander vergleichbar.

4.2.4 Wöhlerversuch

In [32] – [34] wird besonders die Eignung der sogenannten bauteilähnlichen H-Probe zur Prüfung der Lebensdauer punktförmiger Fügeverbindungen ausgewiesen. Gegenüber Einpunkt – Scherzugproben wird bei der Prüfung durch den Steg eine überlagerte Kopfzugbelastung weitestgehend vermieden. Ein weiterer Vorteil besteht darin, dass gleichzeitig 10 punktförmige Fügestellen geprüft werden und somit eine statistische Sicherheit je Probe gegeben ist. Diese Probenform eignet sich durch ihren Aufbau zur Prüfung im Wechselbereich, bei dem dünne Einpunktproben zum Ausknicken neigen [34]. Grundsätzlich wird im Automobilbau im Zugschwellbereich bei R=0,1 geprüft. Das Ergebnis der Prüfung ist die Schwingspielzahl, die die Probe auf einem konstanten Lastniveau bis zum vorgegebenen Steifigkeitsabfall (Bruch) ertragen hat. Dargestellt wird die Lebensdauer in Abhängigkeit der aufgebrachten Last in einem Wöhlerdiagramm.

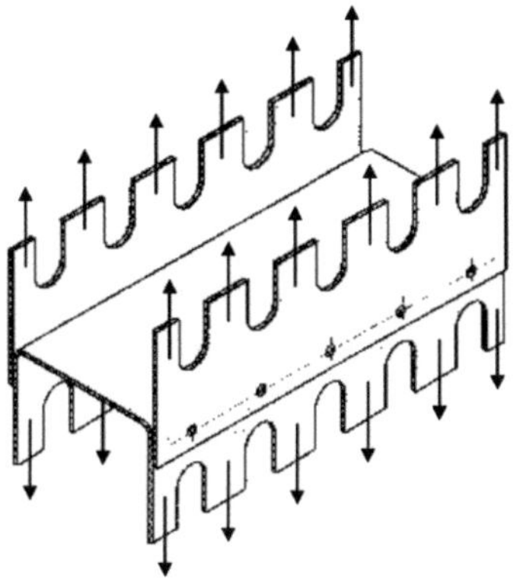

Abb 34 Probengeometrie H-Probe (Scherzug)

Abb 35 Resonanzprüfmaschine mit Aufbau für H-Probenprüfung

Die Prüffrequenz ergibt sich je nach Probensteifigkeit und liegt zwischen 20 und 150 Hz. Die Wöhlerkurve wurde nach dem Perlschnurverfahren erzeugt. Die Probenaufnahme ist so konstruiert, dass nahezu alle Fügestellen gleichmäßig belastet werden.

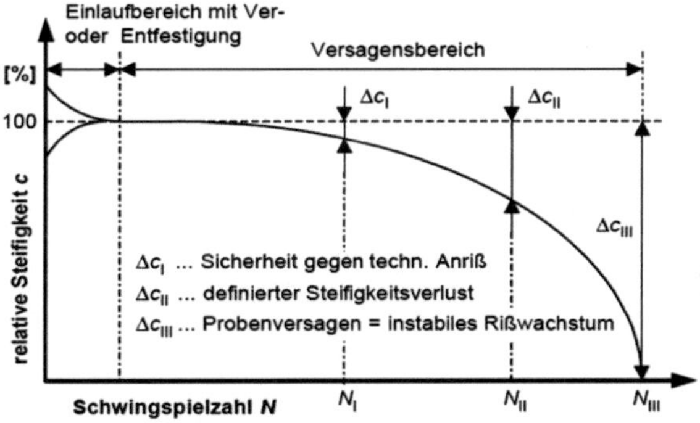

Abb 36 Definition Versagenskriterium für Punktschweißverbindungen nach [70]

In [70] werden Versagenskriterien für Fügeverbindungen unter schwingender Belastung erstellt. Dabei wird die Aussage getroffen, dass eine Fügeverbindung die 40% ihrer Anfangssteifigkeit verloren hat, keine technisch nutzbare Restfestigkeit aufweist und damit als versagt zu betrachten ist. Über das Versagensverhalten des hier untersuchten Verfahrens unter Zugschwellbelastung ist nichts bekannt und ist damit Gegenstand dieser Arbeit.

4.2.5 Korrosionsprüfung

Zur Prüfung des Verhaltens mit dem Widerstandsschweißen mit Zusatzwerkstoff hergestellten Fügeproben unter korrosiver Belastung sind zwei unterschiedliche Korrosionsuntersuchung zweckmäßig:

1. Untersuchungen an KTL – Tauchlackierten Fügeproben nach VW-PV 1210.
2. Untersuchungen im Fahrversuch (EK4 - 12 Jahres – PKW - Test) nach VW-Norm EP003.01

Ziel dieser Tests ist, eine Aussage über den Festigkeitsabfall, in Anlehnung an eine im Realfahrzeug auftretende korrosiver Belastung, einer Fügestelle treffen zu können.

4.2.6 Metallographische Untersuchungen

Zur Beurteilung des Gefügeaufbaus, zur Durchführung von Mikrohärteprüfungen sowie zur Bewertung geometrische Kenngrößen von Punktschweißverbindungen werden gemäß [12] Schliffe angefertigt. Die Untersuchungen erfolgen am Licht- bzw. Rasterelektronenmikroskop.

4.2.7 Lockin-Thermographie

Mit Hilfe der Lockin-Thermographie können verschiedenste Defekte erkannt und bildhaft dargestellt werden. Im Gegensatz zur Impulsthermographie erfolgt bei diesem Verfahren eine modulierte Anregung des Werkstücks. Somit wird die Energiezufuhr über einen längeren Zeitraum verteilt und die thermische Belastung auf das zu untersuchende Bauteil reduziert.

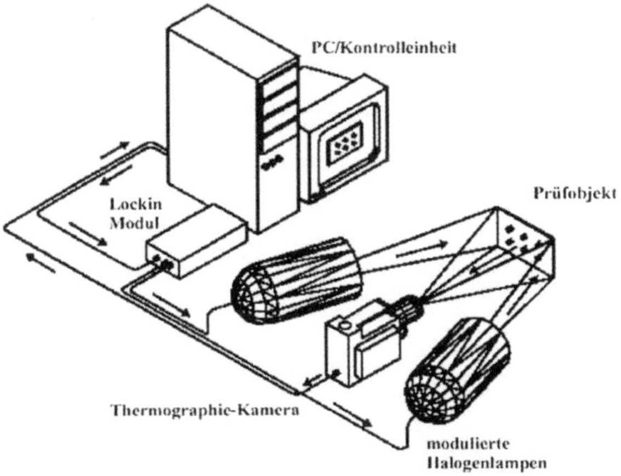

Abb 37 Prinzip der Lockin-Thermographie [107]

Die Lockin-Thermographie mit externer Anregung wird auch phasenempfindliche Modulationsthermographie genannt. Die Verwendung einer periodisch modulierten Wärmequelle führt zur gleichmäßigen Erwärmung des Bauteils. Die Temperaturverteilung wird während der Wärmeeinbringung von einer Thermokamera erfasst. Dabei werden alle Oberflächenpunkte zugleich betrachtet. Die Amplitude und die Phase des zeitlichen Temperaturverlaufs jedes Bildpunktes werden vom Rechner ermittelt. Sie werden mittels Fourieranalyse an den vielen aufeinander folgenden Thermographieaufnahmen bestimmt. Der Vorteil dieses Verfahrens liegt darin, dass es auch bei tiefen Modulationsfrequenzen in Echtzeit, Phasen- und Amplitudenbilder liefert. Das Amplitudensignal ist im Gegensatz zum Phasenbild sehr stark abhängig von Oberflächeninhomogenitäten, vom Emissionsgrad und der Verteilung der Beleuchtungsintensität. Die Tiefenreichweite ist mit der Phase auch größer als mit der Amplitude. Sie hängt von der Temperaturleitfähigkeit des Werkstoffes und von der Modulationsfrequenz ab. Eine niedrige Modulationsfrequenz führt zu einer größeren Tiefenreichweite [107].

5 Ergebnisse

5.1 Applikation des Zusatzwerkstoffs

Aus der grundlegenden Betrachtung physikalisch-chemischer Wirkprinzipien zum Aufbringen von Zusatzwerkstoff auf Blechteile ergeben sich folgende Verfahren.

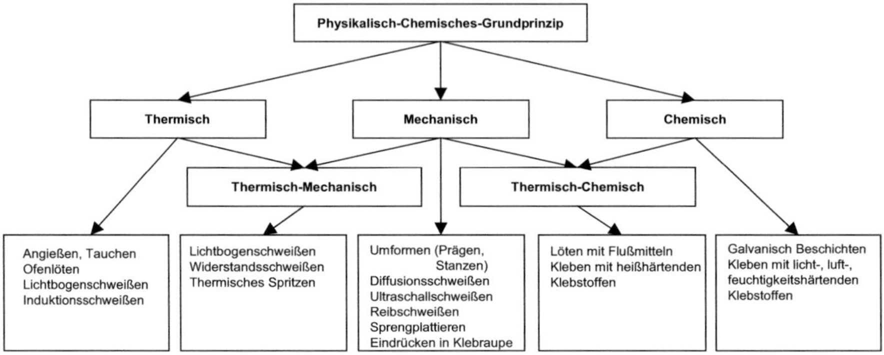

Abb 38 Abgeleitete Applikationsmöglichkeiten aus der Kombination chemisch-physikalischer Wirkprinzipien

Das Widerstandsschweißen mit Zusatzwerkstoff benötigt verfahrensbedingt einen vorgelagerten Prozessschritt der Applikation des Zusatzwerkstoffs, der wie in Abb 39 dargestellt, in die Prozesskette des Karosserierohbaus einzuordnen ist.

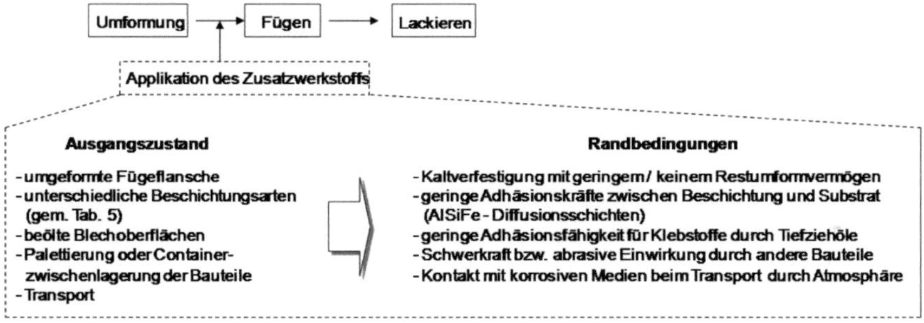

Abb 39 Einordnung des Applizierens des Zusatzwerkstoffs auf Blechteile in der Prozesskette Karosserierohbau und der daraus entstehenden Randbedingungen

Aus der Einordnung des Applizierens und den vorgelagerten Prozessen der Bauteilerzeugung leiten sich entsprechende Randbedingungen für Applikationsverfahren ab, vgl. Abb 39. Bei der Betrachtung der zu erfüllenden Randbedingungen für ein universell anwendbares Verfahren wird schnell deutlich, dass physikalische-chemische Prinzipien für die Applikation verwendet werden müssen, die hohe Bindungskräfte zum Substrat und eine Resistivität gegen mögliche korrosive Medienbelastung vor dem Fügeprozess ermöglichen. Durch die folgende

Bewertungsmatrix die unter Berücksichtigung der dargestellten Randbedingungen aufgestellt ist, ergeben sich die erfolgversprechenden Entwicklungsrichtungen.

Tabelle 7 Bewertung und Auswahl möglicher Applikationsverfahren

Verfahren / Randbedingung	*Wichtung*	Umformen	Widerstands-erwärmung	Kleben	Plasma-Spritzen	LB-Löten	Reib-schweißen	Galvanisch Beschichten	Induktive Erwärmung	Angießen
Unabhängigkeit von Beschichtungsverfahren	***5***	5	5	3	1	4	4	1	2	2
Unabhängigkeit vom Oberflächenzustand	***5***	5	4	2	1	3	1	1	3	4
Unabhängigkeit von Kaltverfestigung / Faltenbildung	***5***	1	5	5	5	5	1	5	5	4
Unemfindlich gegenüber Lagerung	***5***	3	5	1	2	5	5	2	5	5
in die Fertigung integrierbar	***5***	4	5	4	1	4	2	1	2	1
geringer Vorbereitungs-aufwand	***4***	1	3	3	2	5	1	1	1	1
Reproduzierbarkeit	***4***	2	5	3	3	1	5	5	2	3
Haftfestigkeit	***3***	3	5	4	2	5	5	5	1	4
Transportsicherheit	***4***	3	5	3	2	5	5	5	1	4
geringe Grundwerkstoff-beeinflußung	***2***	2	3	5	5	3	2	4	3	1
günstiger Einfluß auf Fügeprozeß	***2***	3	4	1	5	1	4	1	1	3
geometrische Bestimmtheit	***5***	3	4	5	3	1	5	5	5	1
Gesamtbewertung		**148**	**221**	**160**	**119**	**177**	**161**	**144**	**137**	**137**

Bewertungsmaßstab:		
	sehr gut	5
	gut	4
	befriedigend	3
	genügend	2
	ungenügend	1

Aus der Tabelle 7 lässt sich deutlich der Vorteil stoffschlüssiger Fügeverfahren zur Applikation von Zusatzwerkstoffen herausarbeiten, was definitionsgemäß durch die entsprechende Verbindungscharakteristik (Metallbindung) begründbar ist. Dadurch sind eindeutig die höchsten Festigkeitseigenschaften zu erwarten. Allen voran ist die robuste Widerstandstechnik, da hier zusätzlich zur Schmelzwärme eine entsprechende Druckkraft ausgeübt wird. Lichtbogenverfahren zur Applikation sind in [53] untersucht worden. Das Hauptproblem bei diesen Technologien ist die Reproduzierbarkeit der aufgebrachten Zusatzwerkstoffmenge, die selbst bei geringen Energieparametern für den nachfolgenden Fügeprozess eine zu hohe Menge an Zusatzwerkstoff bereitstellt.

Das Kleben in Kombination mit dem Widerstandspunktschweißen ist bekannt. Die Vorteile wie eine Steifigkeits- und Schwingfestigkeitserhöhung der Bauteile werden in [33] und [48] beschrieben. Bei der zeitlichen Einordnung des Klebens in der Prozesskette Karosserierohbau muss allerdings bis zum Fügen der Bauteile eine ausreichende Haftfestigkeit des Klebstoffs und des Zusatzelements gewährleistet sein. An Stellen, an denen konstruktionsbedingt kein Klebstoff eingesetzt werden kann, entfällt auch diese Variante.

Umformverfahren zur Applikation wurden umfangreich in [2], [5], [54] und [56] untersucht. Dabei wird mittels aus der mechanischen Fügetechnik bekannter Gerätetechnik gearbeitet. Der Nachteil gegenüber der Widerstandserwärmung ist, dass die Umformung durch die Werkstofffestigkeit begrenzt ist. Das Applizieren von Zusatzelementen in umgeformten Flanschbereichen von Stählen mit einer Zugfestigkeit über 800 MPa gestaltet sich daher schwierig. Bei formgehärteten Stählen mit Zugfestigkeiten von 1500 MPa ist diese Applikationsmethode nicht möglich. In den folgenden Abschnitten werden die Versuchsergebnisse zu den Applikationsverfahren dargestellt.

5.1.1 Widerstandserwärmung

Für die Applikation von Zusatzelementen wurde eine spezielle Technologie entwickelt. Die zugehörige Anlagentechnik wurde bis zur Serienreife entwickelt und erfolgt nach dem in Abb 40 dargestellten Prinzip. Der Aufwand zur Applikation entspricht in etwa dem Buckelprägen für das Buckelschweißen ist aber im Gegensatz zum Buckelprägen unabhängig von der Werkstoffgüte.

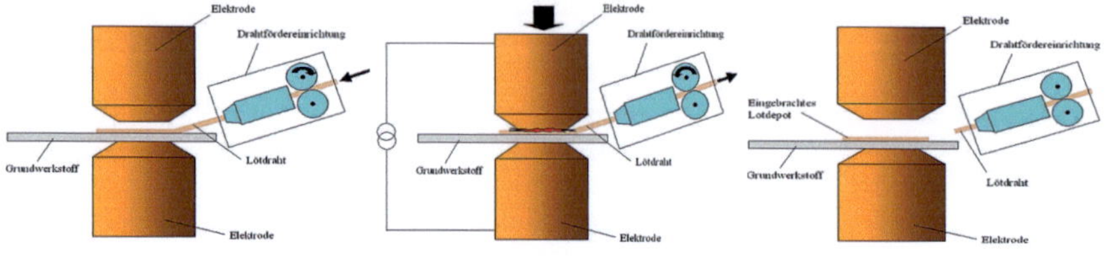

1. Drahtfördereinrichtung gibt eine definierte Drahtlänge vor
2. konventionelle Punktschweißmaschine lötet den Draht auf das Bauteil bei gleichzeitiger Richtungsänderung der Drahtfördereinrichtung
3. Lotdepot mit einer definierten Länge auf dem Bauteil

Abb 40 Verfahrensprinzip und Fügestellengeometrie bei der automatisierten Applikation linienförmiger Zusatzelemente

Die Ermittlung der notwendigen Rückzugskraft erfolgte über den in Abb 41 dargestellten Versuchsaufbau

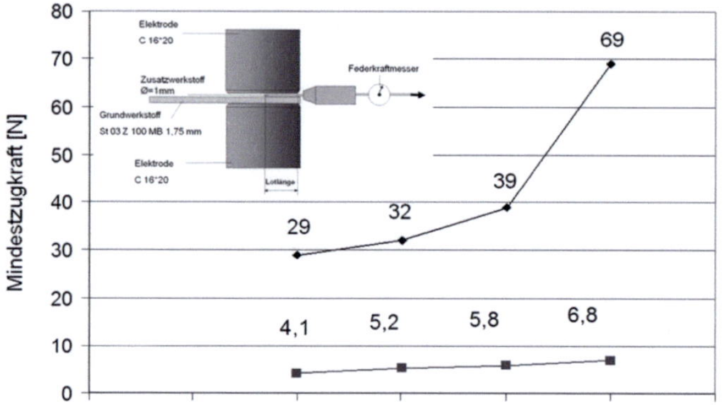

Abb 41 Versuchsaufbau und ermittelte Mindestzugkräfte in Abhängigkeit von der unter der Elektrode zugeführten Zusatzwerkstofflänge (Parameter: F=2kN, SZ=100ms; I=6kA)

Die Verbindungscharakteristik ist je nach verwendetem Zusatzwerkstoff Lot- bzw. Schweißzusatz eine Löt- bzw. Schweißverbindung.
Für das Aufbringen ringförmiger Elemente wurde eine weitere Applikationsmethode entwickelt.

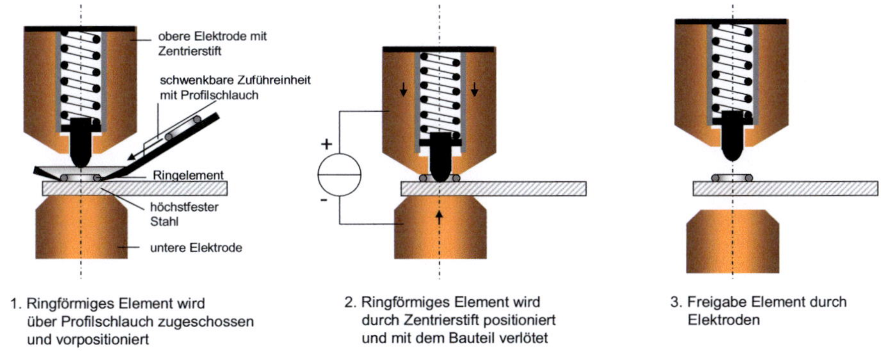

Abb 42 Entwickelte Applikationslösung für ringförmige Zusatzelemente

Durch den Applikationsprozess durch Widerstandsschweißen kommt es im Gegensatz zum aufgelegten Element zu einer deutlichen Abplattung des Ringelements. Durch Messungen des Widerstandsverlaufs konnte nur ein geringer Einfluss auf den nachfolgenden Schweißprozess nachgewiesen werden, vgl. Abb 43.

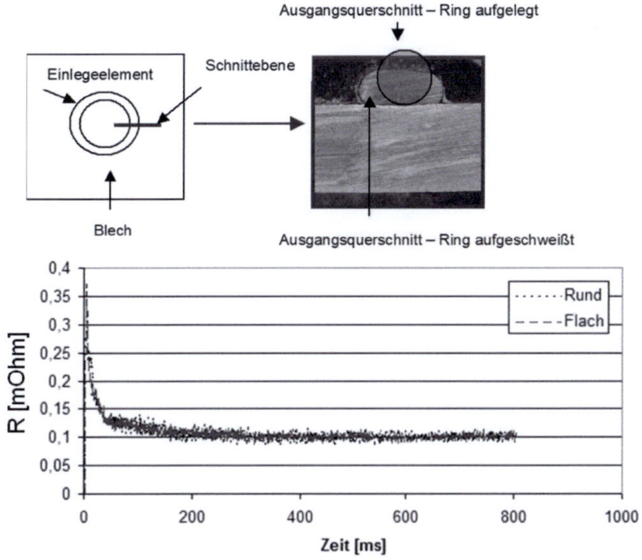

Abb 43 Vergleich des Widerstandsverlaufs in Abhängigkeit vom Anfangsdurchmesser bei der Verbindung H400 (1,5 mm) + SG X 2 CrNi 19 9 (D = 10 mm)

5.1.2 Kleben

In [59] wird ein Verfahren beschrieben, bei dem zur Erzeugung korrosionsdichter Widerstandsschweißverbindungen die Kombination von Hotmeltklebstoffen mit Zusatzdrahtgeflecht beschrieben wird. Dabei wird zur Vermeidung der Taschenbildung bzw. zur Herstellung eines elektrischen Kontakts beim

Punktschweißkleben ein in den Hotmelt eingebetteter Klebstoff verwendet. Der Hotmelt selbst besitzt durch das eingebettete Drahtgeflecht eine Handlingsfestigkeit und kann somit wie eine Dichtung auf die Bauteile aufgebracht werden. Aus diesen Untersuchungen heraus und der in [43] ermittelten, vorteilhaften Zusatzwerkstoffgeometrie ergibt sich das in Abb 44 angestrebte Applikations- bzw. Verfahrensprinzip.

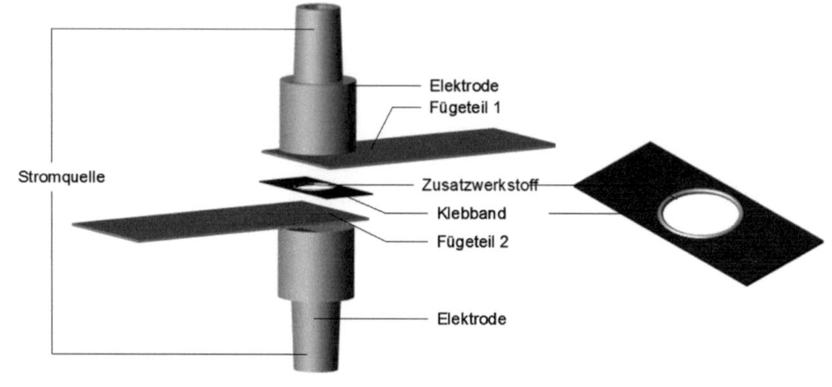

Abb 44 Verfahrensprinzip RPmZW mit vorheriger Klebstoff / Zusatzwerkstoffapplikation

In [43] wurden in ersten Versuchen ringförmige Zusatzelemente verwendet. Da diese in Abständen im Klebband vorgesehen werden müssten und Klebbänder keine entsprechende Eigensteifigkeit besitzen, muss von der Technologie her erst das Klebband auf dem Blechteil appliziert werden und dann der metallische Zusatzwerkstoff darin eingedrückt werden. Dieser technologische Ablauf gilt dann auch für pastöse Klebstoffe. Bei der Verwendung ringförmiger Elemente wurde der in Abb 45 dargestellte Effekt nachgewiesen.

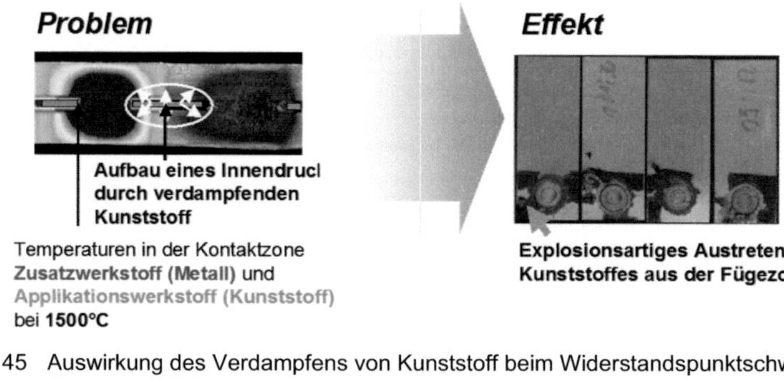

Abb 45 Auswirkung des Verdampfens von Kunststoff beim Widerstandspunktschweißen mit Zusatzwerkstoff

Durch den verdampfenden Kunststoff im Inneren entsteht ein Druck der zu einem Herausschleudern des Zusatzwerkstoffs führt. Werkstoff steht nicht mehr zur Herstellung der Verbindung bereit und es kommt zu einem deutlichen Festigkeitsabfall, vgl. Abb 46.

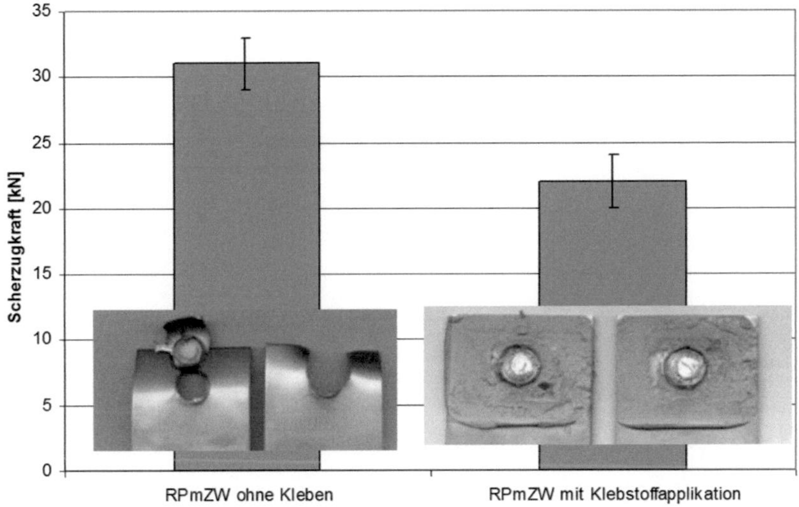

Abb 46 Einfluss des Applikationsverfahrens Kleben auf die Verbindungsfestigkeit bei der Verbindung H400 – H400, t=1,5mm, Zusatzwerkstoff SG X 2 CrNi 19 9 (D = 10 mm) mit Terostat 9120

Um den Einschluss und die Explosionsgefahr zu vermeiden, wurden für die weiteren Untersuchungen folgende Zusatzwerkstoffgeometrien verwendet.

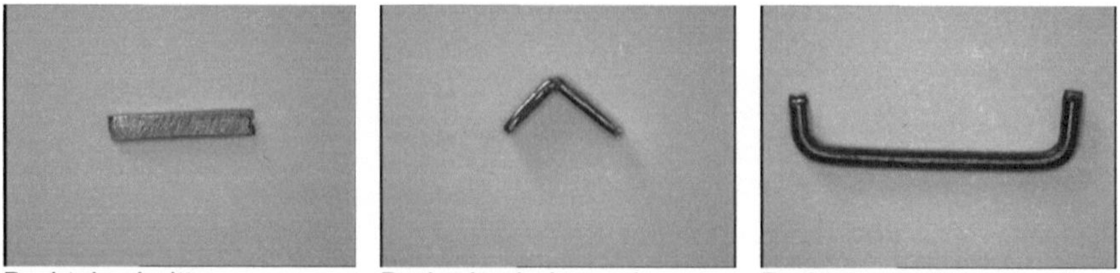

Drahtabschnitt flachgewalzt 3,0mmx3,0mmx0,3mm	Drahtabschnitt rund 90°-gebogen 3,5mmx3,0mmx0,3mm	Drahtabschnitt rund, „U"-gebogen 8,0mmx2,0mmx1,0mm

Abb 47 Modifizierter Zusatzwerkstoff SG-2 zur Durchdringung und Kontaktierung applizierter Klebfolie

5.1.2.1 Verwendete Klebstoffe

Für die experimentellen Untersuchungen wurden folgende Aufgabenstellungen formuliert:

- Auswahl geeigneter Dicht- bzw. Klebstoffe
- Bestimmung der quasistatischen Festigkeiten der Proben
- Untersuchungen des Klebstoffeinflusses
- Ermittlung günstiger Zusatzwerkstoff-Geometrien

In der nachfolgenden Tabelle sind die verwendeten Grund- und Zusatzwerkstoffe für diese Untersuchung aufgelistet. Hierbei handelt es sich um handelsübliche Produkte die keiner speziellen Vorbehandlung unterzogen wurden.

Tabelle 8 Verwendete Grund- und Zusatzwerkstoffe

	Bezeichnung	**Abmessungen [mm]**	**Oberflächenzustand**	**Bemerkung**
Grundwerkstoff	TRIP 700	105x45x1	blank	Oberflächeninhomogenitäten
Zusatzwerkstoff	SG2	d=1	Cu-ummantelt	Lieferqualität

Grundvoraussetzung bei der Klebstoffauswahl (Klebfolien) ist die kurzzeitige Wärmestabilität während des Schweißprozesses. Dominante Randbedingungen sind eine geeignete Foliendicke (ca. 0,2-0,3mm) und eine Anfangshaftung der Folie auf dem Substrat, die ein Teilehandling ohne zusätzliche Fixiermaßnahmen für die Folie ermöglicht. Nach Rücksprache mit den am Markt agierenden Anbietern von Klebfolien wurden potentiell geeignete Produkte der Firmen „3M" und „JOWAT" für die Untersuchungen ausgewählt, siehe Tabelle 9.

Tabelle 9 ausgewählte Klebfolien

Bezeichnung	**Charakt.**	**Dicke**	**Bemerkung**	**Kürzel**
4905 F	Epoxidharz	0,30mm 0,30mm	warmaushärtend	M1
SAF 6045	Epoxidharz	0,15mm	warmaushärtend	M2
SAF 6068	Epoxidharz		warmaushärtend	M3
Jowatherm UV 19244.90	Haftlkebstoff	0,20mm	UV-härtend	JUV
Jowatherm Reaktant 17628.50	POR-Hotmelt	0,20mm	Luftfeuchte-härtend	JR

Tabelle 10 Versuchsplan Applikationstechnologie Kleben

Serie	Fügeteilwerkstoff	Zusatzwerkstoff-Depotform	Abmessungen [mm]	Klebfolie
01	TRIP 700	Drahtabschnitt rund	7,0x1,0	4905 F
02	TRIP 700	Drahtabschnitt flachgewalzt	3,0x3,0x0,3	4905 F
03	TRIP 700	Drahtabschnitt flachgewalzt	7,0x3,0x0,3	4905 F
04*	TRIP 700	Drahtabschnitt flachgewalzt, 90°-gebogen	3,5x3,0x0,3	4905 F
05*	TRIP 700	Drahtabschnitt flachgewalzt, 90°-gebogen	3,5x3,0x0,3	SAF6045
06*	TRIP 700	Drahtabschnitt flachgewalzt, 90°-gebogen	3,5x3,0x0,3	SAF6068
07	TRIP 700	Drahtabschnitt flachgewalzt, 90°-gebogen	3,5x3,0x0,3	UV19244.90
08	TRIP 700	Drahtabschnitt flachgewalzt, 90°-gebogen	3,5x3,0x0,3	Reaktant 17628.50
09*	TRIP 700	Drahtabschnitt rund, „U“-gebogen	8,0x2,0x1,0	4905 F
10*	TRIP 700	Drahtabschnitt rund, „U“-gebogen	8,0x2,0x1,0	SAF6045
11*	TRIP 700	Drahtabschnitt rund, „U“-gebogen	8,0x2,0x1,0	SAF6068
12	TRIP 700	Drahtabschnitt rund, „U“-gebogen	8,0x2,0x1,0	UV19244.90
13	TRIP 700	Drahtabschnitt rund, „U“-gebogen		Reaktant 17628.50

* mit Aushärtung der Klebfolie; alle anderen ohne Aushärtung

Die Prüfkörper wurden im Überlappungsbereich unter Verwendung von Aceton gereinigt. Die Klebfolienaufbringung erfolgte per Hand durch Auflegen der Folienzuschnitte (16mm x 45mm) auf eines der beiden Fügeteile und nachfolgendem Andrücken mit Handkraft. Der Zusatzwerkstoff in der jeweiligen Form wurde auf der Überlappungsfläche zentral in die Klebfolie gedrückt. Das derart vorbereitete Blech wurde zur Gewährleistung der Überlappungslänge in eine Aufnahmevorrichtung eingelegt und mit dem zweiten Blech abgedeckt. Mit der Vorrichtung erfolgte die wiederholbare Positionierung der Proben zwischen den Elektroden.
Die für die Ausgangsserie generierte Parameterkombination diente als Vorgabe für die nachfolgenden Serien, gegebenenfalls mit deren Anpassung an die aktuelle Fügeaufgabe. Entsprechend des Versuchsplans erfolgte teilweise die Aushärtung der Klebfolien entsprechend Herstellervorgabe, um die Auswirkung des ausgehärteten Klebstoffes auf die Gesamtfestigkeit der Verbindung festzustellen. Für jede Serie wurde ein charakteristisches Referenzbruchbild ausgewählt und dokumentiert. Kriterien für die Bewertung sind Aussehen und Verhalten des Klebstoffes in der Überlappungsfläche und das Bruchbild des Schweißpunktes. Für jede Versuchsserie wurde ein makroskopisches Schliffbild hergestellt. Nach einer Makroätzung (Nital-Ätzung) erfolgte die Begutachtung des Gefüges von Grund- und Zusatzwerkstoff im Schweißpunkt. Hierbei waren das Aufschmelzverhalten der Metalle und das Verhalten des Klebstoffes (Verdrängung / Einschluss) die Hauptkriterien.

5.1.2.2 Verfahrenseignung der Klebstoffe

Untenstehende Tabelle vermittelt auf Grundlage der Versuchsergebnisse eine qualitative Einschätzung der Untersuchungen.

Tabelle 11 Bewertung der Versuchsergebnisse

Serie	Schweißpunktausbildung	Klebstoffverhalten	Erläuterung
01-03	keine Schweißung	keine Veränderung	Klebfolie verhindert Stromfluss, keine Kontaktierung durch Drahtabschnitt
04	Ausbildung eines runden Schweißpunktes, kleiner Punktdurchmesser	lokal begrenzte thermische Zersetzung und Dampfkanalbildung	Stromfluss sicher realisierbar; Flanschspalt durch Keilwirkung des Depots beim Schweißprozess
05+06	Ausbildung eines runden Schweißpunktes, kleiner Durchmesser	großflächige thermische Zersetzung und Dampfkanalbildung	Stromfluss sicher realisierbar; Flanschspalt durch Keilwirkung des Depots beim Schweißprozess
07+08	Ausbildung eines runden Schweißpunktes, kleiner Durchmesser	fast vollflächige thermische Zersetzung und Dampfkanalbildung	Stromfluss sicher realisierbar; Flanschspalt durch Keilwirkung des Depots beim Schweißprozess
09	Ausbildung eines ovalen Schweißpunktes, signifikant vergrößerter Punktquerschnitt	lokal begrenzte thermische Zersetzung und Dampfkanalbildung	Stromfluss sicher realisierbar, Lageänderung der Probenhälften beim Schweißen durch Magnetwirkung der Maschine
10+11	Ausbildung eines ovalen Schweißpunktes, signifikant vergrößerter Punktquerschnitt	großflächige thermische Zersetzung und Dampfkanalbildung	Stromfluss sicher realisierbar, Lageänderung der Probenhälften beim Schweißen durch Magnetwirkung der Maschine
12+13	Ausbildung eines ovalen Schweißpunktes, signifikant vergrößerter Punktquerschnitt	fast vollflächige thermische Zersetzung und Dampfkanalbildung	Stromfluss sicher realisierbar, Lageänderung der Probenhälften beim Schweißen durch Magnetwirkung der Maschine

Bei allen Versuchen ist eine großflächige Verbrennung des Klebstoffs mit einer Dampfkanalbildung festzustellen. Der Klebstoff kann damit nicht mehr zur Verbindungsfestigkeit bzw. zur Nahtabdichtung verwendet werden. Im Gegensatz zum Punktschweißkleben, bei dem es ebenfalls im Bereich der Schweißlinse zu leichten Verbrennungen kommt, ist hier eine Korrosionsschutzwirkung nicht mehr möglich. Ursache ist der deutlich höhere Energiebedarf zur Verbindungsbildung. Während beim Schweißpunkt durchschnittlich 18 kW benötigt werden, sind es beim Widerstandsschweißen mit Zusatzwerkstoff im Mittel 60 kW.

Beim Schweißen mit dem um 90° abgewinkelten Zusatz ist eine Aufsetzstabilität der Elektroden nicht mehr gegeben. Es kommt zur Verschiebung des Zusatzwerkstoffs und dadurch zu einem sehr starken Elektrodeneindruck. Trotzdem ist eine Schweißlinse deutlich erkennbar. Beim U-förmigen Zusatzwerkstoff ist ein sicheres Aufsetzen und Kraftaufbau gewährleistet. Durch den nicht geschlossenen

Querschnitt kommt es nicht zum explosionsartigen Austritt von Kleb- und Zusatzwerkstoff.

Abb 48 M1: geätzt, Zusatzwerkstoffdepot „U-förmig"

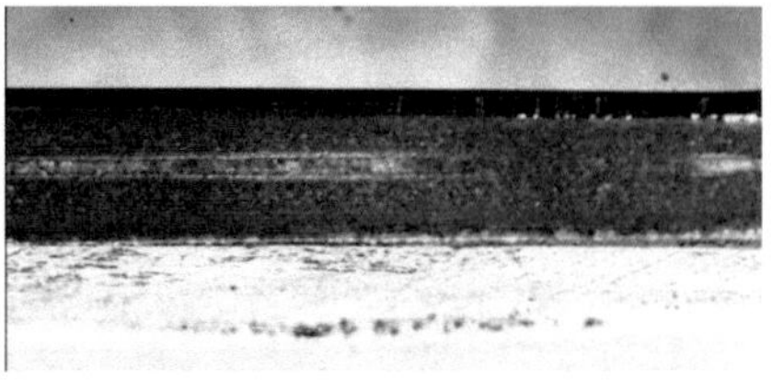

Abb 49 M2: geätzt, Zusatzwerkstoffdepot „U-förmig"

Die bei der Scherzugprüfung ermittelten Maximalkräfte aller Versuchsreihen sind in den folgenden Diagrammen zusammengefasst (Abb 50 und Abb 51).

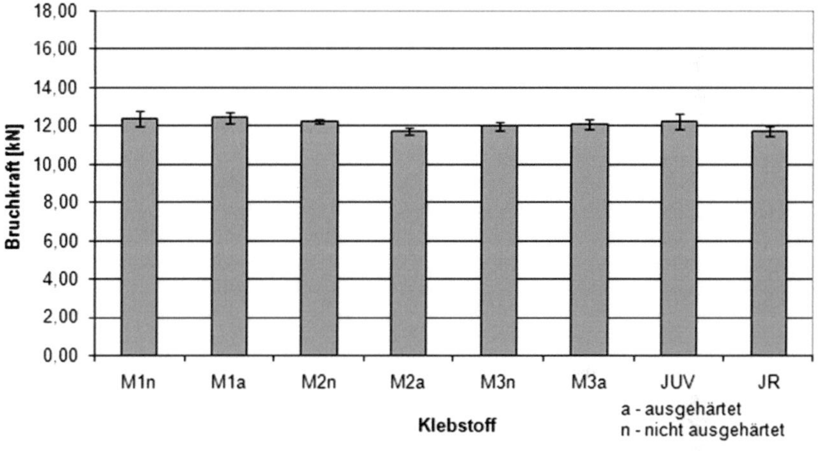

Abb 50 Maximale Bruchkräfte; Zusatzwerkstoff:90°- Winkel

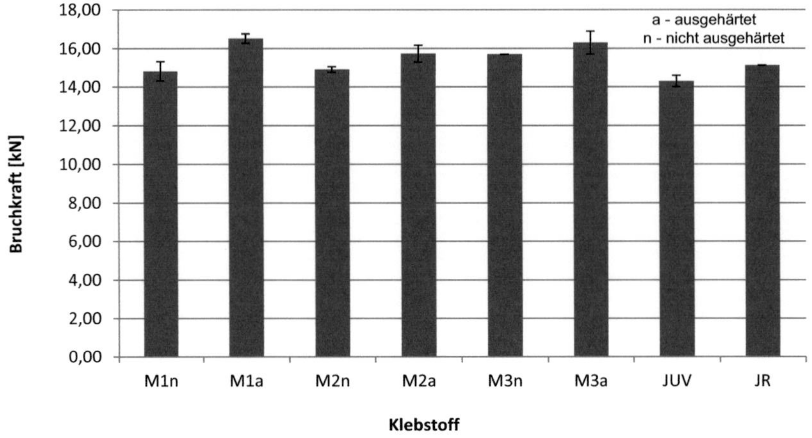

Abb 51 Maximale Bruchkräfte, Zusatzwerkstoff: „U"-förmig

5.1.2.3 Diskussion der Ergebnisse

Die Dicke, Querschnitt und Form des Zusatzwerkstoffdepots haben bei gegebener Klebfoliendicke dominanten Einfluss auf den Stromfluss. Das Depot sollte eine symmetrische Form und einen flachen Querschnitt zur Reduzierung von Flanschdeformation und zur Erzeugung eines symmetrischen Punktquerschnittes aufweisen. Punktförmige Spitzen oder linienförmige Kanten am Depot führen zu einem Durchdringen des Klebstoffs, und damit zur sicheren Kontaktierung beider Fügeteile. Im weiteren Verlauf kommt es zu einem definierten Stromfluss, was sich unmittelbar auf die Verbesserung des Schweißergebnisses auswirkt. Der Schweißprozess lässt sich mit konventioneller Schweißmaschine und Steuerungseinrichtung reproduzierbar realisieren. Unabhängig vom Grad der thermischen Schädigung der Klebfolie ist eine Absaugung der Verbrennungsprodukte unmittelbar an der Schweißzange vorzusehen. Die Klebfolien erfahren je nach Typ eine unterschiedlich starke thermische Schädigung beim Schweißprozess. Geringste Schädigungen traten bei den Epoxidharzklebstoffen auf, die gleichzeitig die höchste Anfangsfestigkeit (Haftung auf dem Substrat vor Aushärtung) aufweisen. Generelles Problem stellt die Ausbildung eines Dampfkanals bis zum Flanschrand dar, was eine nachfolgende Flanschversiegelung erfordert.

Entsprechend dem größeren Volumen des Depots zeigen sich die größten Werte für die Scherzugfestigkeit bei Verwendung des "U"-förmigen Depots. Der Festigkeitszuwachs durch Klebstoffaushärtung beträgt je nach Klebstoff zwischen 5-10% und kann somit vernachlässigt werden.

5.2 Prozesssimulation

Durch den Einsatz und die Verkettung von Prozess- und Festigkeitssimulation soll der praktische Versuchsumfang minimiert und wesentliche Einflussgrößen herausgearbeitet werden. Um eine Abschätzung des Vertrauensbereichs der Ergebnisse der Prozesssimulation zu erhalten wurden umfangreiche Validierungsversuche durchgeführt.

5.2.1 Modellaufbau

In Anlehnung an Voruntersuchungen in [43] und des damit in Abb 12 dargestellten Verfahrensprinzips zum Widerstandsschweißen mit Zusatzwerkstoff wurde ein Modell zur Prozesssimulation mittels SORPAS generiert. Das Modell ist achsensymmetrisch um y.

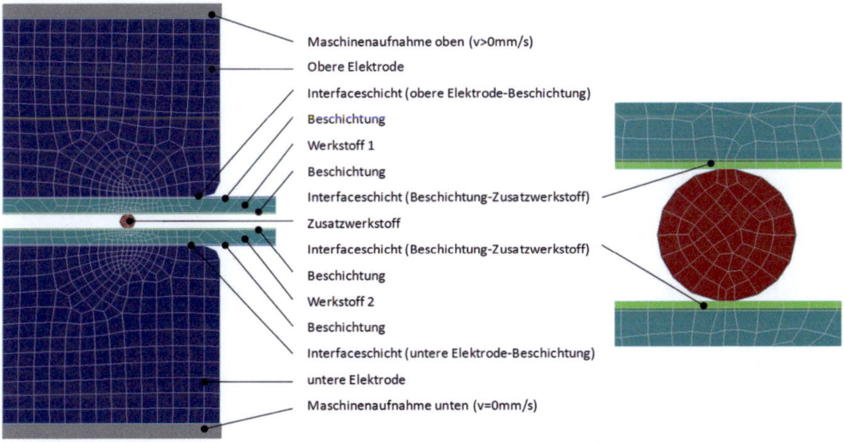

Abb 52 Prozesssimulationsmodell Widerstandsschweißen mit Zusatzwerkstoff

Die obere Elektrode vollzieht das Nachsetzen bzw. den Kraftaufbau analog einer Schweißmaschine. In Abb 52 ist in der vergrößerten Darstellung die Kontaktbedingung verdeutlicht. Bei der Simulation des Buckelschweißens wie auch in diesem Prozess müssen mindestens 2 Netzelemente in der x-y-Ebene verbunden sein. Sonst sind die Bedingungen für einen Stromfluss nicht ausreichend definiert und die Simulation führt zu keinem Ergebnis. Die Breite des so entstehenden Ringflächenkontakts beträgt 0,2 mm.

5.2.2 Modellvalidierung

5.2.2.1 Elektrisches Modell

Die Simulationssoftware errechnet neben der Temperatur-, Spannungs- und Stromverteilung auch die Prozessparameterkurven für Strom, Spannung, Widerstand, Kraft und Elektrodenweg. Mit der an der Schweißzange angebrachten Messtechnik ist somit ein Vergleich zwischen simulierten und gemessenen Daten möglich.

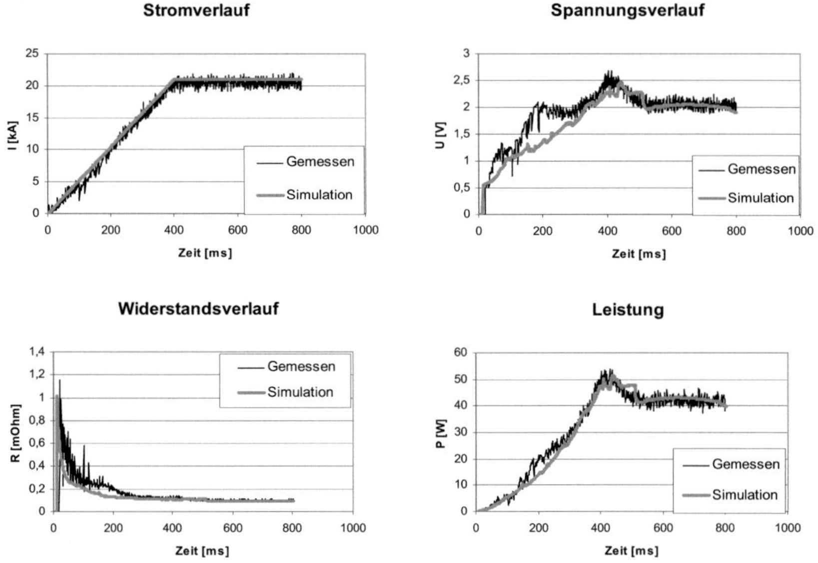

Abb 53 Vergleich zwischen simulierten und gemessenen elektrischen Verfahrensparametern an der Verbindung H400 – H400, t=1,5mm, Zusatzwerkstoff SG X 2 CrNi 19 9 (D = 10 mm), Schweißung mit 400 ms Upslope

Die Abb 53 zeigt eine sehr gute Korrelation zwischen den gemessenen und simulierten Werten. Besonders die Übereinstimmung der eingebrachten Energiemenge lässt auf einen hohen Vertrauensbereich der Simulation schließen. Die folgenden Diagramme unterschiedlichster Schweißprogramme sollen diese Aussage untermauern.

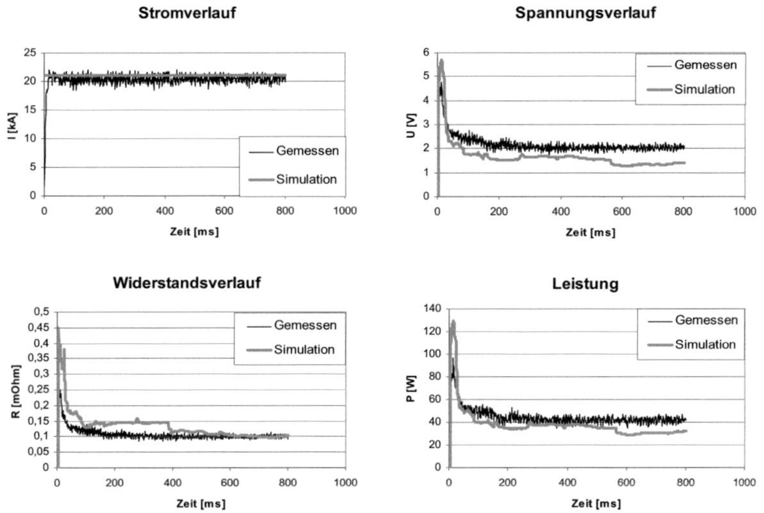

Abb 54 Vergleich zwischen simulierten und gemessenen elektrischen Verfahrensparametern an der Verbindung H400 – H400, t=1,5mm, Zusatzwerkstoff SG X 2 CrNi 19 9 (D = 10 mm), Schweißung ohne Upslope

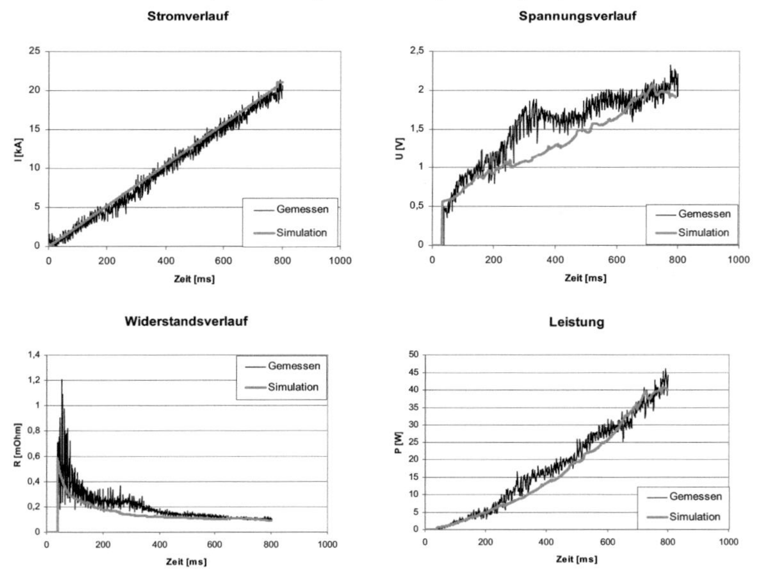

Abb 55 Vergleich zwischen simulierten und gemessenen elektrischen Verfahrensparametern an der Verbindung H400 – H400, t=1,5mm, Zusatzwerkstoff SG X 2 CrNi 19 9 (D = 10 mm), Schweißung mit 800 ms Upslope

Die Abb 53 bis Abb 55 zeigt die sehr gute Korrelation zwischen den analytisch ermittelten elektrischen Größen und den an der Schweißzange gemessenen Werten.

5.2.2.2 Thermisches, Metallurgisches und Mechanisches Modell

Der Nachweis der Richtigkeit dieser Modelle kann in Anlehnung an [63] anhand von Schliffbildern nachgewiesen werden. Dabei sind folgende Größen vergleichbar:
- Wärmeeinfluss- und Schmelzzone
- Deformation der Werkstoffe

In [63] wurden durch optische Prozessbeobachtung Aussagen über die Schweißlinsenbildung bei unterschiedlichen Kontaktbedingungen getroffen. Die dabei ermittelten Wärmefelder im zeitlichen Verlauf konnten durch die Simulation bestätigt werden. Unter anderem wird bei einer ähnlichen Fügeanordnung festgestellt, dass Schmelzgut in den ersten Millisekunden zur Seite spritzt und nicht mehr zur Verbindungsbildung beiträgt. Diese Aussage trifft auch auf das hier untersuchte Verfahren zu (vgl Abb 57).

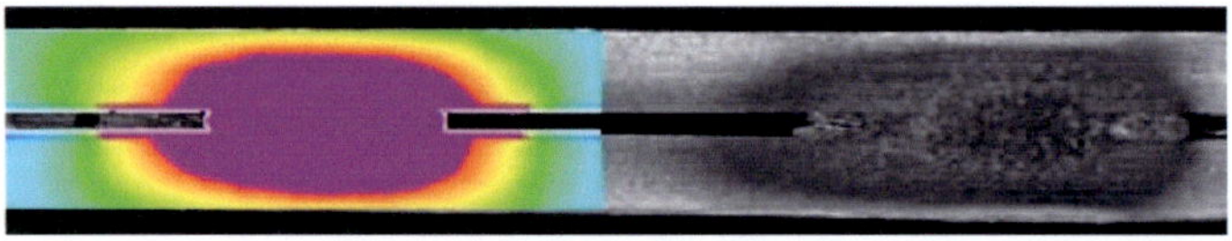

Abb 56 Vergleich zwischen Simulation und Realschweißung, TRIP 700 – TRIP 700, t=1,0mm, Zusatzwerkstoff SG2 Kreiskontur 1 mm ∅

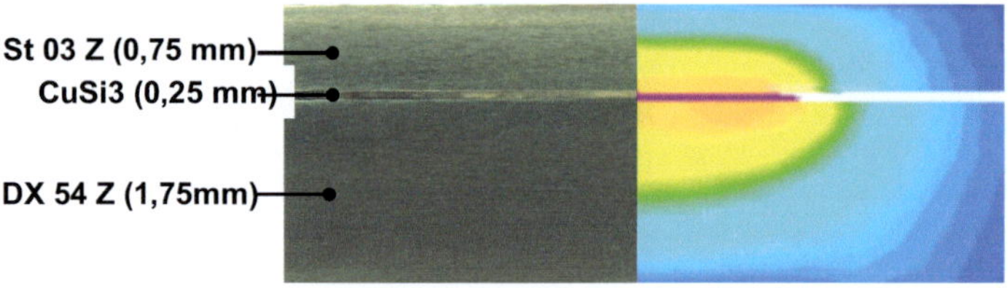

Abb 57 Vergleich zwischen Simulation und Realschweißung, einer Widerstandslötung

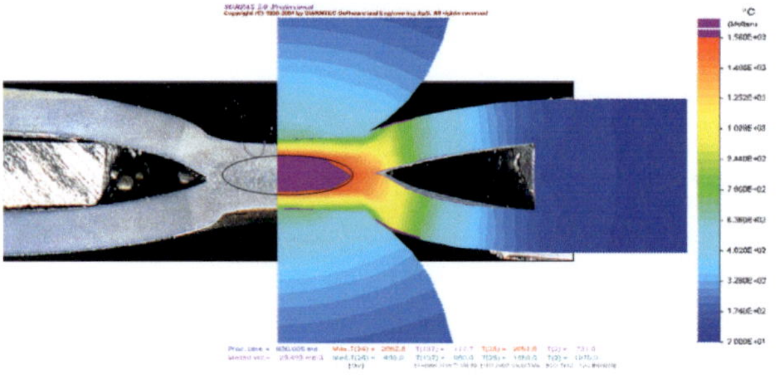

Abb 58 Vergleich zwischen Simulation und Realschweißung, des Prozesses Umformwiderstandspunktschweißen

Die Abb 56 bis Abb 58 geben nur einen kurzen Eindruck über eine Reihe von durchgeführten Verfahrensentwicklungen mit Hilfe der auf die Schweißanlage abgestimmten Simulation. Die Abbildungen zeigen sehr deutlich die gute Korrelation des thermischen, metallurgischen und mechanischen Modells mit realen

Schweißverbindungen. Diese Korrelation wird eigentlich durch das nachgewiesene sehr gute elektrische Modell indirekt implementiert.

5.2.3 Simulation von Prozesseinflussgrößen

5.2.3.1 Einfluss der Stromkennlinie

In [43] wurden nach dem Stand des Schrifttums alle Versuche mit einer konstanten Stromkennlinie durchgeführt. Diese Vorgehensweise beruht vermutlich auf den „üblichen Parametern" des Buckelschweißens. Dabei wurde das Auftreten von Schweißspritzern dokumentiert und diese als unvermeidbar beschrieben. Die Abb 59 zeigt auf anschauliche Weise die simulierten Temperaturverteilungen bei unterschiedlichen Stromkennlinien. Deutlich zu erkennen ist, dass bei einer Kennlinienwahl nach [43] das zur Verbindungsbildung erforderliche Schmelzgut in den Zwischenraum verdrängt wurde. Dieses erstarrt dort und behindert dadurch das weitere Nachsetzen durch die Elektrodenkraft. Hinzu kommt, dass die dort untersuchten Verbindungen bis zu einer maximalen Schweißzeit von 160ms erzeugt wurden.

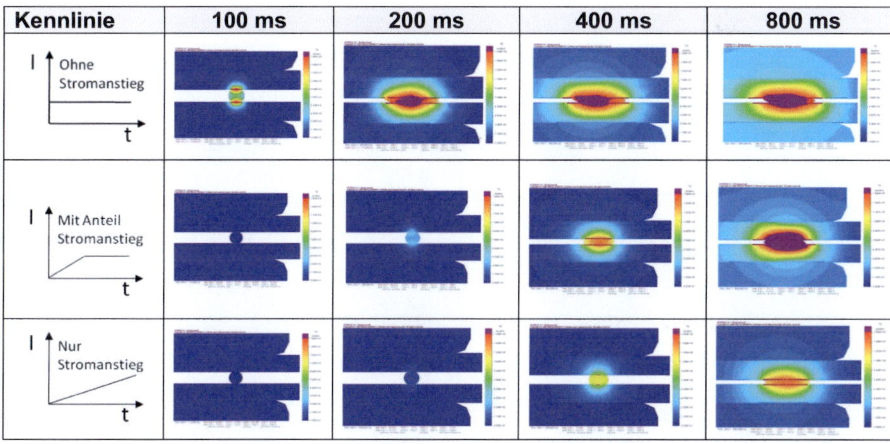

Abb 59 Simulierte Verbindungsbildungsbildung zu diskreten Zeitpunkten in Abhängigkeit der Stromkennlinie

Die Stromkennlinien mit Anstieg erzeugen keine Verdrängung des Zusatzmaterials. Das Aufschmelzen des Zusatzwerkstoffs erfolgt nicht schlagartig, so dass er zur Verbindungsbildung beitragen kann. Bei vollständigem Anstieg, ohne konstanten Anteil reicht die Erwärmung nicht zur Verbindungsbildung aus. Für die Versuche wurde daher der mittlere Kennlinienverlauf gewählt.

5.2.3.2 Geometrie des Zusatzwerkstoffes

Zielstellung für den Einsatz der Simulation ist die Visualisierung der ablaufenden Prozesse und der dadurch erst möglichen Optimierung. Durch die geeignete Wahl der Kontur und der chemischen Zusammensetzung des Zusatzwerkstoffes wird die

Reduzierung des Spaltmaßes angestrebt. Durch den auftretenden Spalt zwischen den Fügeteilen erhöht sich das Moment bei einer auftretenden Scherzugbelastung, welches die Verbindung frühzeitig mit einer Kopfzugbeanspruchung belastet, vgl. Abb 60.

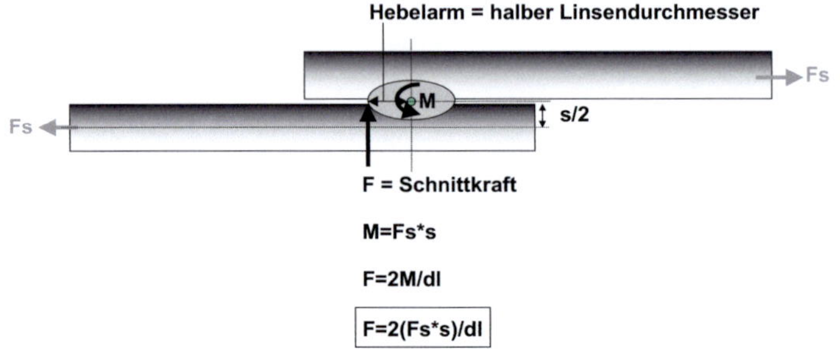

Abb 60 Schnittkraft am Rissentstehungsort in Abhängigkeit von der Scherzugkraft, Blechdicke sowie Linsendurchmesser

Zur Spaltreduzierung wurde unter der Prämisse der Verwendung der gleichen Masse an Zusatzwerkstoff Simulationen für unterschiedliche Konturen durchgeführt.

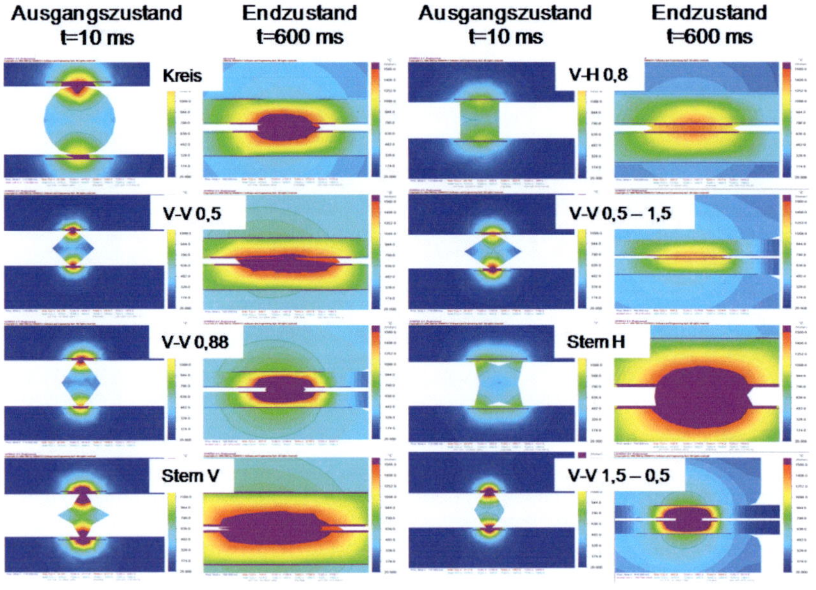

Abb 61 Ergebnisse der Simulation des Temperaturfeldes von mögliche Konturvarianten des Zusatzwerkstoffes zur Reduzierung des Fügespalts

In Abb 61 zeigt sich deutlich der Unterschied im Prozessverlauf und der erhebliche Einfluss der Kontur des Zusatzwerkstoffes auf den Prozess. Bei gleichem Energieeintrag in den Prozess sind unterschiedlich große Verbindungsstellen entstanden. Von entscheidender Bedeutung für den weiteren Prozessverlauf ist das Aufschmelzverhalten des Volumenkörpers zu Beginn des Prozesses.

Als Bewertungsgröße dient das Schmelzvolumen.

$$V_{gesamt} = V_{Werkst1} + V_{Werkst2} + V_{Werkst3} + V_{Zinkschicht} \qquad \text{(Gleichung 5)}$$

Die Abb 62 und Abb 63zeigen das gebildete Schmelzvolumen in Abhängigkeit von einer gewählten Kontur des Zusatzwerkstoffs

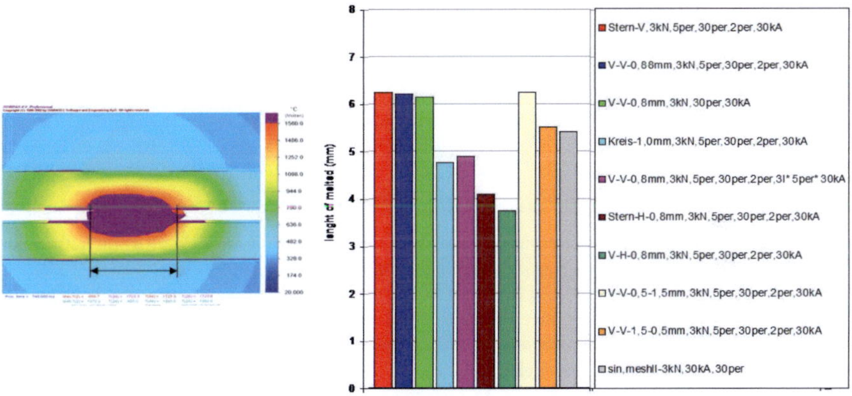

Abb 62 Länge der Schmelze an den Kontaktstellen der Verbindungspartner in Abhängigkeit der gewählten Kontur

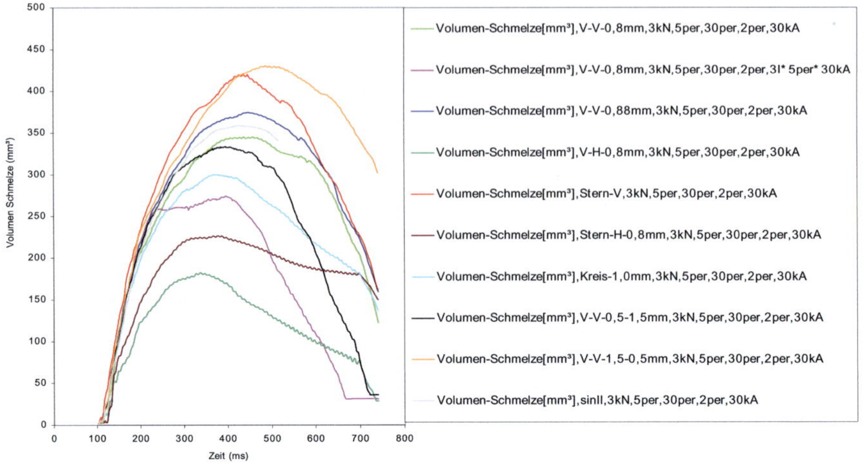

Abb 63 Aufgeschmolzenes Volumen in Abhängigkeit von der Kontur des Zusatzwerkstoffes

Wie in [6] beim Mikrobuckelschweißen bzw. in [63] bei der Untersuchung der Kontaktwiderstände nachgewiesen, lässt sich durch die Kontur des Zusatzwerkstoffs der Prozess beeinflussen.

Das Aufschmelzverhalten zu Beginn des Prozesses ist für den weiteren Prozessverlauf von entscheidender Bedeutung. Findet zu Prozessbeginn eine sehr starke Erwärmung des Zusatzwerkstoffes statt, wird dieser durch die anliegende Elektrodenkraft in den Zwischenraum verdrängt und bildet dort mit den zu fügenden Blechwerkstoffen keine Schweißverbindung. In [63] wird dies anhand von beobachteten „Glühleuchten“ bzw. Spritzern ebenfalls beschrieben.

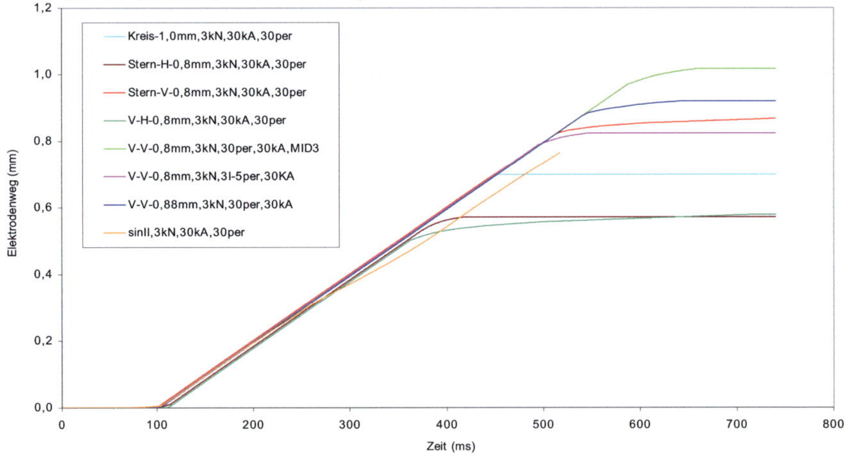

Abb 64 Vergleich des zurückgelegten Elektrodenwegs als Funktion der Kontur des Zusatzwerkstoffs

In den Gegenüberstellungen (Abb 62 bis Abb 64) der Ergebnisse zeigen die Vertikalkonturen gute Ergebnisse. Aus diesem Grund wurde SG-2 (1 mm ∅) Zusatzdraht auf ein Vierkantprofil 0,88mm x 0,88mm gewalzt und verschweißt (Variante V-V-0,88).

5.2.3.3 Chemische Zusammensetzung des Zusatzwerkstoffes

In [54] bis [57] wird auf die Verwendung von Lotwerkstoffen eingegangen und damit auf den bekannten Prozess des Widerstandslötens. Dabei stand die Vermeidung von Oberflächenschäden an den Blechaußenseiten im Vordergrund. In [43] wurden CrNi Werkstoffe sowie Lotwerkstoffe zum Lichtbogenlöten als Zusatzwerkstoff untersucht. Allerdings wurde in diesen Untersuchungen der Einfluss der Stromverlaufsform nicht betrachtet. Die erreichten Festigkeitssteigerungen im Vergleich zum Widerstandspunktschweißen standen in keinem Verhältnis zum erhöhten Fertigungsaufwand.

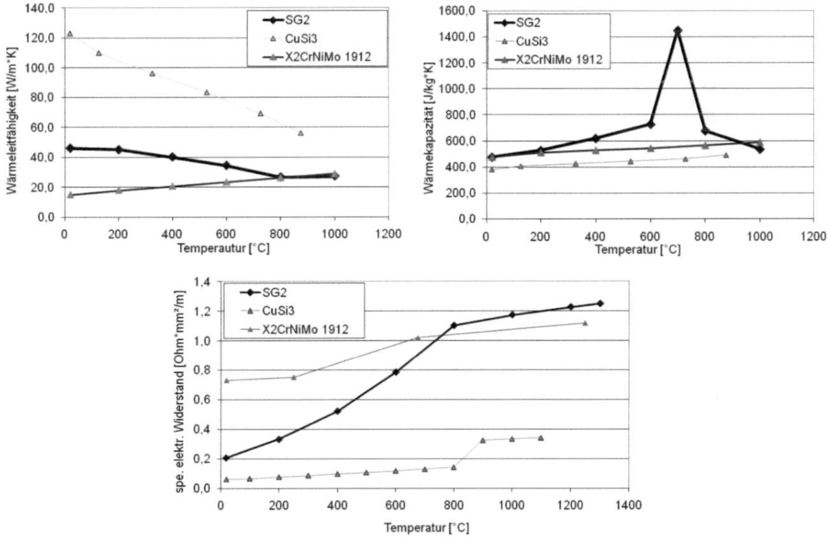

Abb 65 Werkstoffkennwerte der in [4] verwendeten Zusatzwerkstoffe in Abhängigkeit von der Temperatur; ermittelt nach [78]

Die Abb 65 untermauert den in [43] gewählten Ansatz. Der Werkstoff X2 CrNiMo 1912 besitzt gegenüber SG 2 einen höheren elektrischen Widerstand bei einer geringeren Wärmeleitfähigkeit. Aus diesem Grund ist ein schnelles Aufschmelzen des Zusatzmaterials zu erwarten. Allerdings relativieren sich die Eigenschaften noch unter der Schmelztemperatur auf ein etwa gleiches Niveau.
Diese Modifikationen wurden simuliert und anhand der Kennwerte ausgewertet. Die Abb 66 zeigt den Vergleich der simulierten Widerstandsverläufe und der sich daraus ergebenen Schmelzvolumen. Deutlich zeigt sich der positive Einfluss des Schweißzusatzwerkstoffes SG-2 auf das aufgeschmolzene Volumen. Der rostfreie CrNi-Stahl X2CrNiMo 1912 besitzt zwar auf Grund seines bei RT dreifachen spezifischen elektrischen Widerstands gegenüber dem SG2 eine aussichtsreiche Tendenz zur Steuerung des Wärmeeintrags. Durch die starke Anfangserwärmung

erreicht der Zusatzwerkstoff seine Schmelztemperatur schlagartig. Er wird durch die Elektrodenkraft in den Zwischenraum verdrängt. Durch die größer werdende Kontaktfläche sinkt der Widerstand und die Erwärmung in der Kontaktebene bricht zusammen. An diesem Beispiel wird die Notwendigkeit des Einsatzes der Simulation in der Schweißtechnik sehr deutlich. Mit dem hier entwickelten Modell und der gemeinsamen Optimierung der Software mit dem Hersteller konnten aufwendige Untersuchungsumfänge vermieden werden.

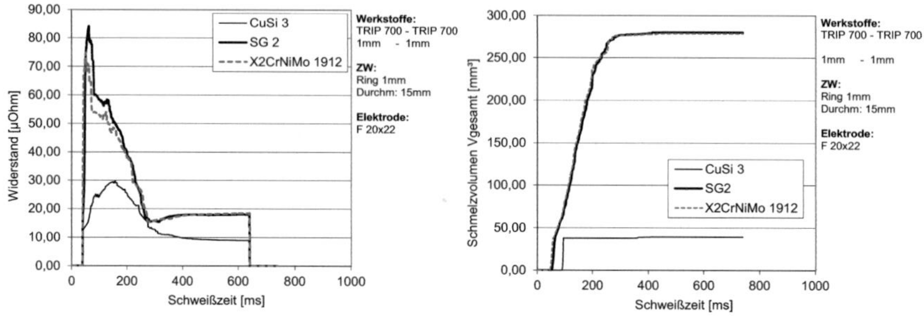

Abb 66 Einfluss der chemischen Zusammensetzung des Zusatzwerkstoffs auf den Schweißprozess

In der Abb 66 wird zu dem deutlich, dass aus oben besagten Gründen kein Unterschied zwischen einem hochlegierten und einem niedriglegierten Zusatzwerkstoff hinsichtlich des aufgeschmolzenen Volumens erkennbar ist. Deutlich lässt sich auch der Unterschied zwischen einem Löt- und einem Schweißverfahren ableiten. Das Schmelzvolumen bei dieser Anordnung bleibt nach einem erreichten Maximum konstant. Daran ist ersichtlich, dass lediglich der Lotwerkstoff L-CuSi 3 aufgeschmolzen ist. Die Schmelztemperatur der Grundwerkstoffe wurde definitionsgemäß nicht erreicht.

5.2.3.4 Oberflächenzustand

Wie in der Abb 67 dargestellt, existieren beim Widerstandsschweißen mit Zusatzwerkstoff 4 Kontaktebenen:

R6: Elektrode – Zinkoberfläche
R8: Zinkoberfläche – Zusatzwerkstoff
R9: Zusatzwerkstoff – Zinkoberfläche
R7: Zinkoberfläche – Elektrode

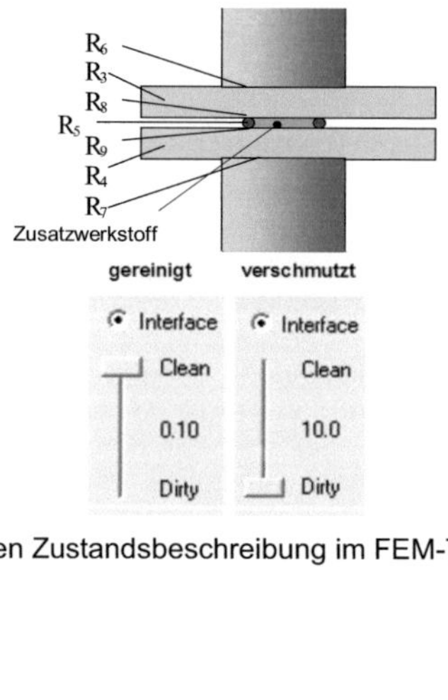

Abb 67 Kontaktwiderstände beim RPmZW und deren Zustandsbeschreibung im FEM-Tool

Die Kontaktzonen können unterschiedliche Verschmutzungsgraden aufweisen. Diese können durch das FEM – Tool über eine Scala von 0-10 verändert werden. Für die folgenden Untersuchungen wurden die Übergangswiderstände R6 und R7 sowie R8 und R9 zusammengefasst und jeweils gleichmäßig variiert.

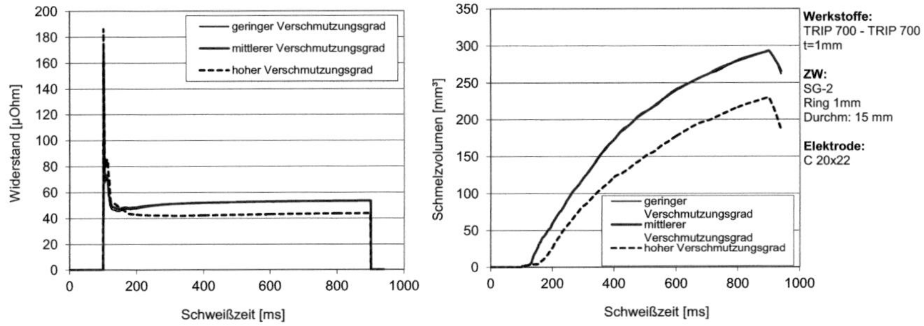

Abb 68 Einfluss variierter Kontaktzustand (R6 und R7) auf den analytisch ermittelten Gesamtwiderstand und dem gebildetem Schmelzvolumen bei R8 und R9=konst.

Auf Grund der großen Kontaktfläche zwischen den planen Elektroden und der Blechaußenseite ist der Einfluss der Verschmutzung auf das errechnete Schmelzvolumen und dem Gesamtwiderstand gering.

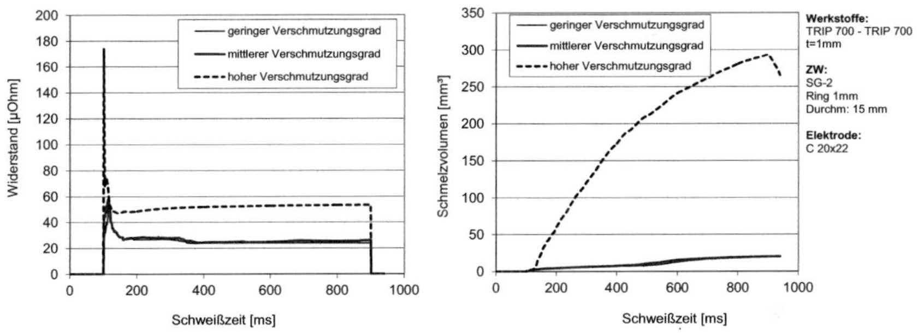

Abb 69 Einfluss variierter Kontaktzustand (R8 und R9) auf den analytisch ermittelten Gesamtwiderstand und dem gebildeten Schmelzvolumen bei R8 und R9=konst.

Der Einfluss des Verschmutzungsgrades zwischen den Blechinnenseiten und dem Zusatzwerkstoff ist auf das Berechnungsergebnis sehr hoch. Erst bei höchsten Verschmutzungsgraden bildet sich ein Schmelzvolumen. Die Ermittlung dieses Faktors zur Validierung der Ergebnisse aus den metallographischen Untersuchungen mit den simulierten Ergebnissen war entscheidend für die weiteren Untersuchungen. Diesen Faktor muss der Anwender der Berechnung für den entsprechenden Anwendungsfall versuchs- und messtechnisch ermitteln. Für die Auslegung von Buckelschweißverfahren sind ähnliche Einstellungen vorteilhaft. Als Ursache für diesen erheblichen Einfluss wird die Beschreibung der Kontaktbedingung gesehen. Wie in Abb 57 dargestellt, sind zur analytischen Beschreibung der Übergangsbedingungen mindestens zwei Elemente notwendig. Die Kontaktzustände sind dadurch nicht ausreichend bzw. zu positiv beschrieben. Diese werden dann auch noch vom ¼ Kreisausschnitt-Modell auf das achsensymmetrische Modell extrapoliert.

Ein besserer Weg zur Modellvalidierung ist das Messen der elektrischen und mechanischen Prozessgrößen. Diese I, U, R, F - Messkurven sind dann mit den Berechneten abzugleichen. Der Vorteil ist zum Einen, dass Einflüsse aus dem Versuchsaufbau erfasst werden. Zum anderen werden Iterationsschleifen zum Abgleich des simulierten Temperaturfelds mit Schliffbildern reduziert.

5.2.3.5 Einfluss der Maschinen Dynamik

Der Einfluss der Maschinencharakteristik auf das Simulationsergebnis wird bereits in [86] beschrieben. Da jede Schweißmaschine auf Grund ihres konstruktiven Aufbaus eine unterschiedliche Charakteristik im Nachsetzverhalten besitzt, ist hier eine Messung beim entsprechenden Anwendungsfall mittels eines Kraft- und/oder Beschleunigungssensors zweckmäßig. Beim RPmZW ergibt sich durch den Durchmesser des Zusatzwerkstoffs ein maximal möglicher Deformationsweg von 1mm. Wie schon in dem vorangegangenen Kapitel beschrieben, kommt es in Abhängigkeit vom Stromverlauf zum schlagartigen Aufschmelzen des Zusatzelements. Die Elektrodenkraft versucht diesen Werkstoff zu verdrängen. In Abhängigkeit der möglichen Nachsetzgeschwindigkeit der Elektroden kann es zum Einbruch der Elektrodenkraft kommen. Dies war auch bei den Versuchen mit der verwendeten C-Zange der Fall. Messungen zur Nachsetzgeschwindigkeit an der Schweißzange ergaben einen Wert von 3mm/s.
Die Abb 70 zeigt den simulierten Kraftaufbau beim RPmZW beim Schweißen mit konstantem Stromverlauf ohne Anstieg. Ein Einbruch der Kraft tritt demnach bei einer Nachsetzgeschwindigkeit von 7 mm/s auf.

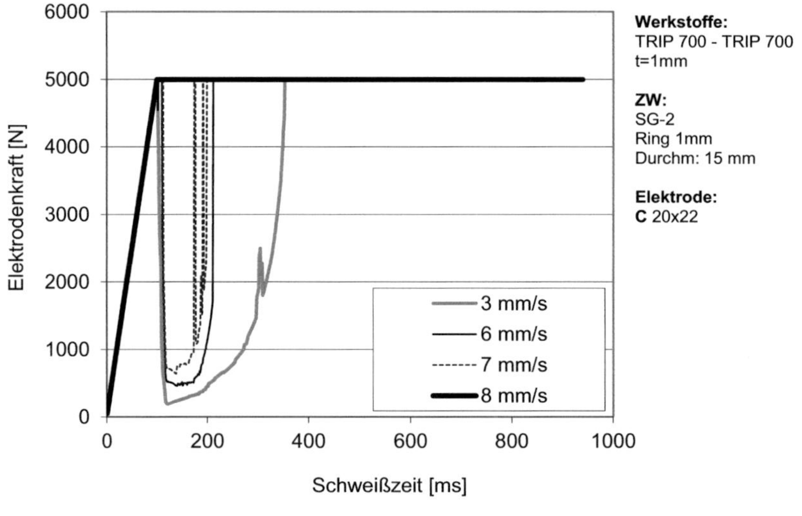

Abb 70 Berechnete Elektrodenkraftverläufe in Abhängigkeit von der Geschwindigkeit des Kraftaufbaus der Schweißmaschine

Als Ausgangsgröße gibt der Anwender in Unkenntnis seiner Maschinendynamik einen konstanten Kraftaufbau ein. Das in der Simulation implementierte mechanische Modell versucht diese Kraft in Abhängigkeit der eingegebenen Beschleunigungskennwerte aufrecht zu erhalten. Sollten diese Werte für die

Maschine nicht vorliegen, ist es zweckmäßig, den während der Schweißung ermittelten Kraftverlauf als Kraftprofil in die Simulation bereits als Ausgangsgröße einzugeben.

5.2.3.6 Einfluss der Elektrodenkraft

Die Veränderung der Elektrodenkraft besitzt durch die Kopplung der mechanischen und elektrischen Prozessgrößen bei Widerstandsschweißprozessen naturgemäß einen erheblichen Einfluss. Dieser Einfluss wird durch Abb 71 verdeutlicht. Es soll dabei gesondert auf den Übergangswiderstand zwischen Elektrode und Blech hingewiesen werden. Bei einer Kraftreduzierung von 5 auf 1kN verdoppelt sich der Maximalwert des Übergangswiderstandes. Dadurch wird die Temperaturverteilung in der Blechebene erheblich beeinflusst. Die Schmelze steigt schneller zur Blechoberfläche begünstigt durch den während des Prozesses langsam abfallenden Widerstand zwischen Zusatzwerkstoff und Blechinnenseite, welches sich auch im Gesamtwiderstand widerspiegelt.

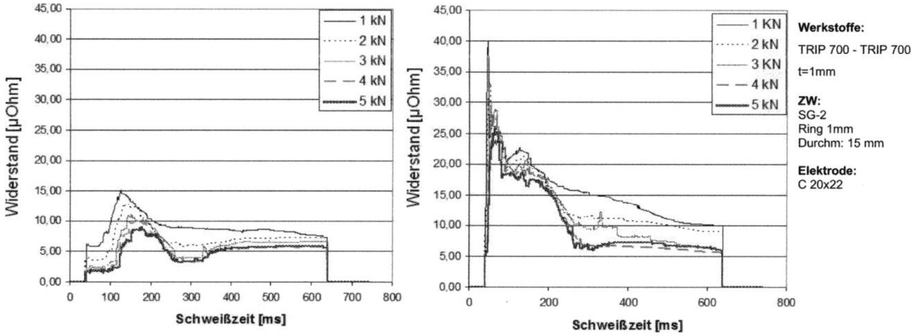

Abb 71 Einfluss der Elektrodenkraft auf den Übergangswiderstand zwischen Elektrode und Blech und auf den Gesamtwiderstand

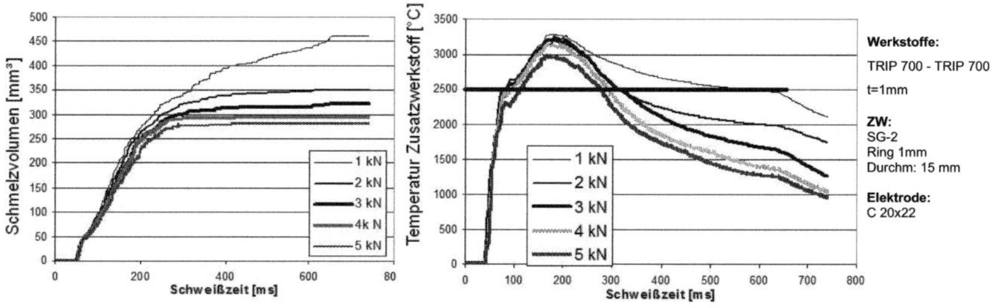

Abb 72 Einfluss der Elektrodenkraft auf das gebildete Schmelzvolumen und der Maximaltemperatur des Zusatzwerkstoffs

Die Abb 72 verdeutlicht noch einmal den Einfluss der Elektrodenkraft auf die resultierenden Größen Schmelzvolumen und Temperatur. Die errechneten Temperaturen bei einer Elektrodenkraft von 1 kN halten sich über die gesamte Schweißzeit über der Verdampfungstemperatur von Stahl auf.
Bei den Schweißversuchen konnten nachweislich bei dieser Elektrodenkraft keine technisch relevanten Verbindungen erzeugt werden.

5.3 Prozesseinflussgrößen (Versuche)

Im voranstehenden Kapitel wurde der Einfluss der Prozessgrößen analytisch bestimmt. Nachweislich lassen sich durch diese Vorgehensweise Fehlentwicklungen ausschließen. Im folgenden Kapitel werden diese simulierten Größen anhand von Messergebnissen dargestellt. Die dazu verwendete Mess- und Anlagentechnik ist im Kapitel 4.1 beschrieben.

5.3.1 Wechselwirkung der Prozessgrößen

Die Abb 73 zeigt die gemessenen Prozessgrößen beim Widerstandsschweißen mit Zusatzwerkstoff. Dargestellt ist eine Schweißung mit Stromanstieg. Deutlich ist der Einbruch der Elektrodenkraft während des Aufschmelzens des Zusatzwerkstoffs erkennbar. Die verwendete Schweißzange mit translatorischer Zustellbewegung mit servomotorischem Antrieb ist nicht in der Lage die Kraft während des Schweißprozesses aufrecht zu erhalten. Dies ist aber keinesfalls als Nachteil zu bewerten. Wäre die Schweißzange in der Lage, die Kraft konstant zu halten, würde der durch den Schweißstrom erwärmte Zusatzwerkstoff lediglich in den Zwischenraum der Bleche verdrängt. Der Widerstand würde schlagartig durch die vergrößerte Kontaktfläche absinken. Die Bildung einer Schweißverbindung ist dann nur noch bei sehr langen Schweißzeiten und hohen Schweißströmen möglich. Dieses Verhalten stellt sich beim Schweißen mit vollem Stromanstieg (Dreieckskennlinie) wie in Abb 59 dargestellt, dar. Danach ist nach 800 ms noch keine Schweißlinsenbildung ersichtlich. Die Ergebnisse der Simulation zeigen den Einbruch der Elektrodenkraft bei einer Elektrodengeschwindigkeit von 7 mm/s. An der Schweißzange wurden 3 mm/s ermittelt.

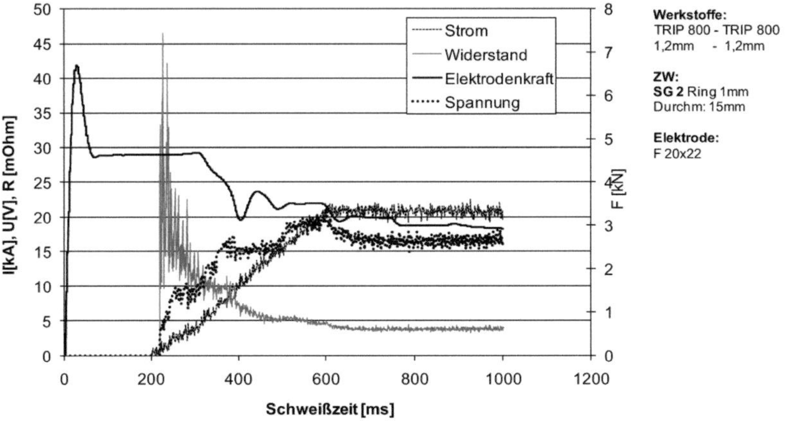

Abb 73 Wechselwirkung der elektrischen und mechanischen Prozessgrößen beim RPmZW

Die Abb 74 verdeutlicht den Einfluss des gewählten Strompogramms auf die Spannung, Widerstand und Elektrodenkraft. Hier werden noch einmal die unterschiedlichen Strategien beim RPmZW bzw. beim Buckelschweißen verdeutlicht.

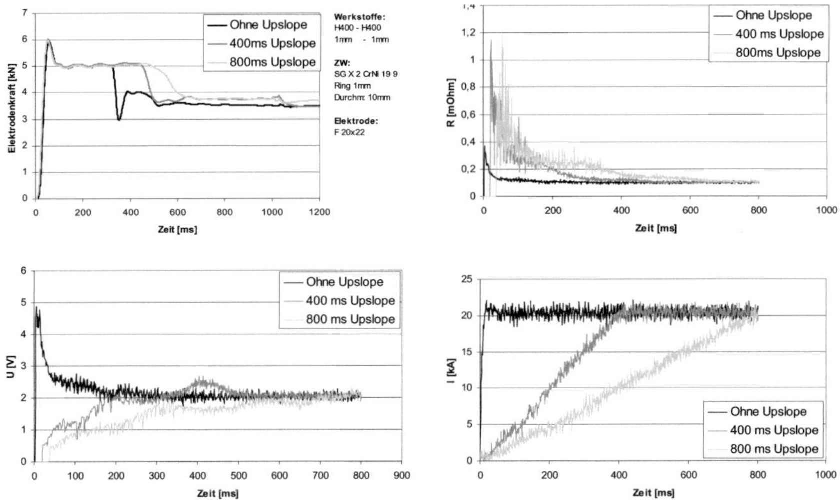

Abb 74 Einfluss des gewählten Stromverlaufes auf die Prozessgrößen U, R und F

In den Untersuchungen in [43] wurde ohne Stromanstieg gearbeitet. Aus Strom und Spannung resultiert eine schlagartige Einbringung der Energie. Diese spiegelt sich auch im gemessenen Elektrodenkraftverlauf wieder. Die Elektrodenkraft bricht innerhalb von 50 ms schlagartig zusammen. Spritzer sind unvermeidbar. Beim Schweißen mit Stromanstieg verläuft die Energieeinbringung aus einer anderen Richtung. Die maximale Leistung wird bei 400ms Upslope auch erst bei 40ms erreicht. Bei vollem Anstieg mit 800 ms geschieht dies analog erst zum Ende des Prozesses. In dieser Arbeit wurde sich für Stromverläufe mit 50% Anstieg entschieden. Schweißen mit 100% Stromanstieg führte auch bei längeren Schweißzeiten nachweislich zu keinen technisch relevanten Verbindungen. Die Auswirkungen beider Strategien werden in den folgenden Kapiteln noch stärker deutlich. Einen ersten Einblick soll der Vergleich von ermittelten Scherzugwerten geben.

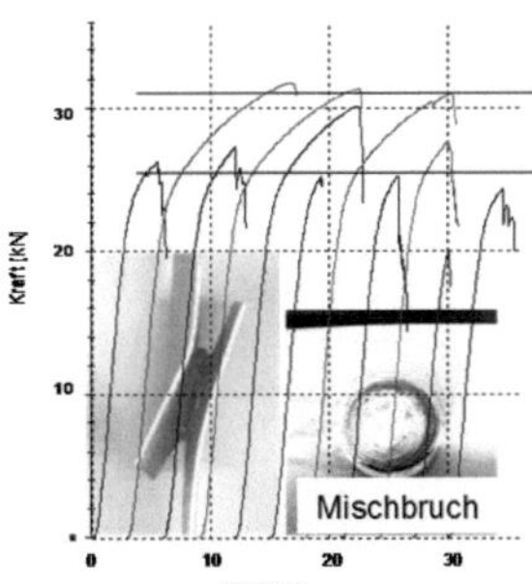

Abb 75 Streuungen der Bruchkraft unter Scherzugbelastung beim Schweißen ohne Upslope

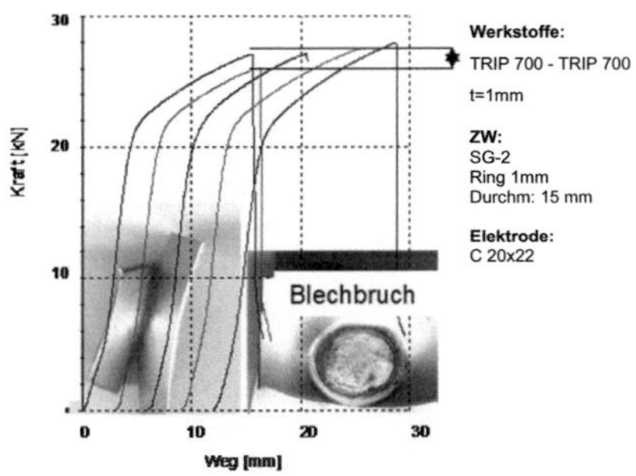

Abb 76 Streuungen der Bruchkraft unter Scherzugbelastung beim Schweißen mit 50% Upslope

5.3.2 Unterschied zwischen konv. RP und RPmZW

Zur Darstellung des Unterschieds zwischen dem konventionellen Widerstandspunktschweißen und dem Widerstandsschweißen mit Zusatzwerkstoff dient die Abb 77. Neben der zur Verbindungsbildung zweifachen Stromstärke ist natürlich der Widerstandsverlauf interessant. Dieser liegt lediglich 150 µOhm über dem des Punktschweißens. Ohne dass in diesem Kapitel zu sehr auf das Tragverhalten eingegangen werden soll, lässt sich anhand der Werte bereits eine Gesetzmäßigkeit deutlich ableiten. Um eine Verdopplung der statischen Scherzugfestigkeit zu erreichen, ist auch eine Verdopplung der Leistung notwendig.

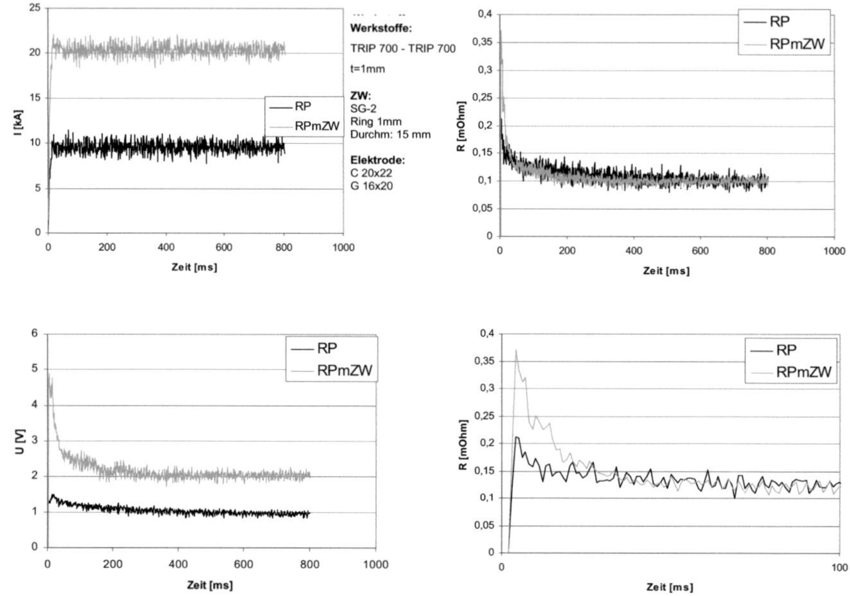

Abb 77 Unterschied in den Prozessgrößen zwischen RP und RPmZW

Ein wesentlicher Unterschied lässt sich anhand der mechanischen Prozessgröße Elektrodenkraft feststellen (vgl. Abb 78). Während die Kraft beim Einschalten des Schweißstroms beim RPmZW zusammenbricht, steigt die Elektrodenkraft beim Punktschweißen an. Ursache beim RP ist die thermische Ausdehnung der Fügewerkstoffe sowie der in der Linse steigende hydrostatische Druck. Beim RPmZW zeigt die Schweißzange im Verhältnis zum aufschmelzenden bzw. heraussprítzenden Zusatzwerkstoff ein begrenztes Nachsetzverhalten. Diese Charakteristik kann ebenfalls beim Widerstandspunktschweißen im Spritzerbereich beobachtet werden. (vgl. Abb 78 rechts). Damit wäre eine Möglichkeit zur Online-Prozesssicherung beim RPmZW über das Kraftsignal gegeben. Schweißspritzer sind demnach eindeutig identifizierbar.

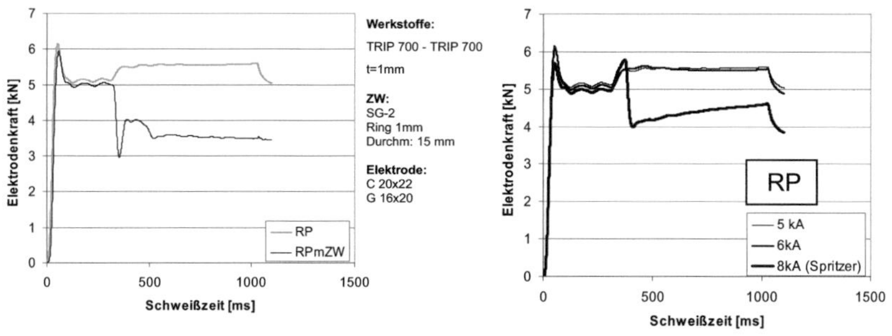

Abb 78 Vergleich des Elektrodenkraftverlaufs zwischen RP und RPmZW

5.3.3 Applikationsverfahren

Im Kapitel 5.1 wurden bereits Ergebnisse zu Untersuchungen zum Aufbringen von Zusatzwerkstoffen durch Klebstoffe beschrieben. Dabei wurde festgestellt, dass ein elektrischer Kontakt zu Beginn des Prozesses notwendig ist, da es sonst zu Explosionen kommt. Auf Grund erhöhter Anforderungen an die Transportsicherheit wurde in dieser Arbeit die Entwicklung eines Verfahrens zum Befestigen des Zusatzwerkstoffs mittels Widerstandserwärmung beschrieben. Dieser vorgelagerte Prozessschritt besitzt einen Einfluss auf den Schweißprozess. Der Zusatzwerkstoff wird dabei deformiert und bildet dem aufgelegten Ring unterschiedliche Kontaktflächen.

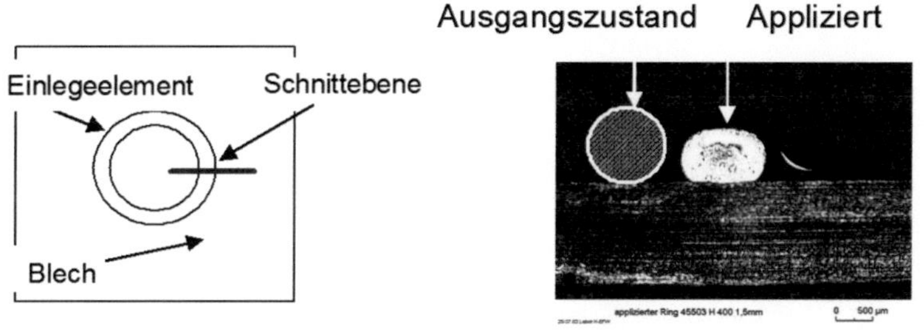

Abb 79 Untersuchte Ausgangszustände vor dem Schweißen

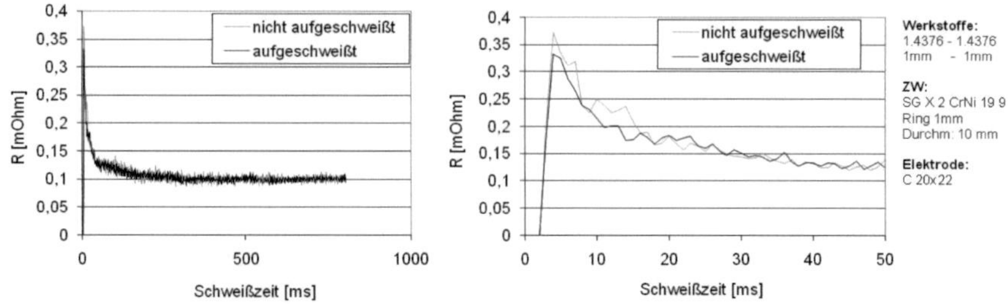

Abb 80 Vergleich des Verlaufs des Gesamtwiderstands während des Schweißprozesses in Abhängigkeit vom Applikationszustand

Bei der Messung des Gesamtwiderstands während des Schweißprozesses zeigen sich keine erkennbaren Unterschiede in Abhängigkeit vom Ausgangszustand. Für eine spätere mögliche Anwendung dieses Verfahrens ist dieses Ergebnis positiv zu bewerten. Die Scherzugfestigkeiten an so gefügten Proben bestätigen dieses Ergebnis. Die Ursache ist anhand der deutlich vergrößerten Darstellung der Abb 81 erkennbar. Innerhalb von 50 ms fällt der Widerstand auf ein Grundniveau zurück. Die starke Erwärmung des Zusatzwerkstoffes zu Beginn des Prozesses relativiert diesen Unterschied.

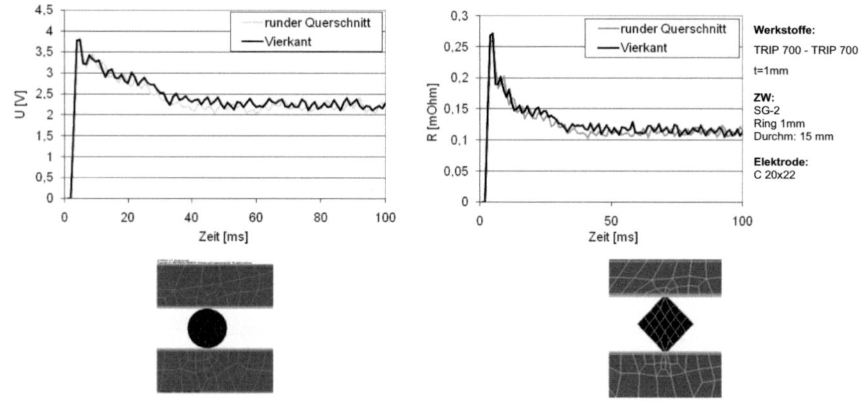

Abb 81 Einfluss des Drahtquerschnitts auf den Spannungs- und Widerstandsverlauf

Der Einfluss der Kontur des Zusatzwerkstoffs ist ebenfalls wenig prozessbeeinflussend. Selbst in der vergrößerten skalierten Darstellung sind keine Unterschiede erkennbar.

5.3.4 Beschichtungen

Ein ähnliches Bild ergeben auch die Messungen zum Einfluss der vorliegenden Oberflächenbeschichtung der Bleche. Der Einfluss der Beschichtungsart auf das Widerstandspunktschweißen mit Zusatzwerkstoff ist als unwesentlich zu bezeichnen (vgl. Abb 82).

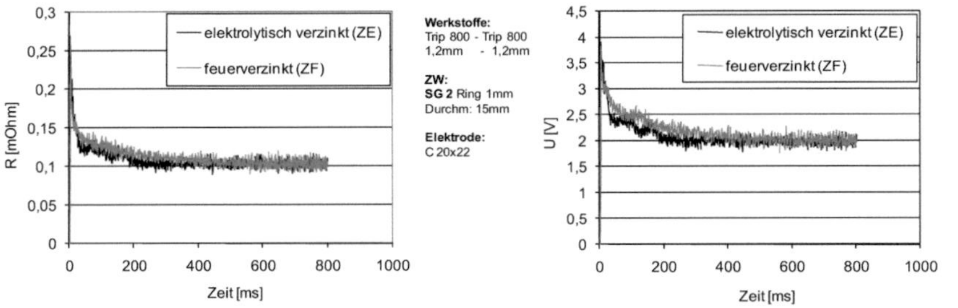

Abb 82 Einfluss der Verzinkungsart auf die Prozessgrößen beim RPmZW

5.3.5 Oberflächenzustand

Im Automobilbau erfahren die Bleche zur Verbesserung des Tiefziehprozesses sowie zur Vermeidung von Korrosion eine Beölung. Diese kann je nach Lagerung der Bauteile (horizontal oder vertikal) starken Schwankungen unterliegen. Bei vertikaler Lagerung kann bereits oben kaum noch eine Beölung festgestellt werden, während im unteren Teil des Bauteils sich dieses Öl sammelt. Für die folgende Untersuchung wurden die Bleche in Tiefziehöl getaucht, unter einem Winkel von 45° sechs Stunden gelagert und dann verschweißt. Der Einfluss ist Abb 83 zu entnehmen.

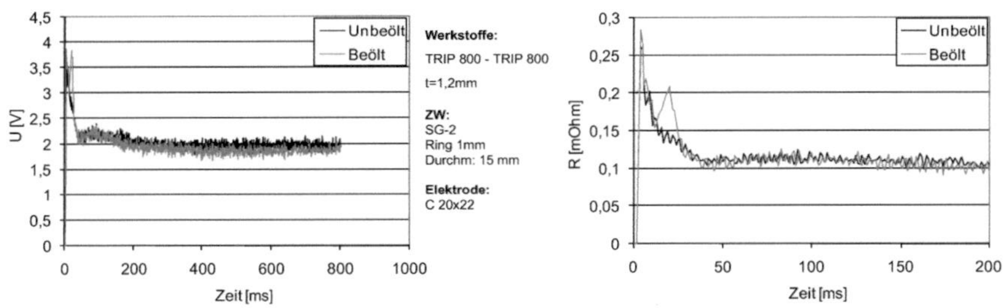

Abb 83 Einfluss des Beölungszustands auf den Widerstands- und Spannungsverlauf beim RPmZW

Wie auch bei den vorangegangen untersuchten Einflussgrößen stellt sich eine erste Sättigung innerhalb der ersten 50 ms ein. Ein Einfluss auf die Festigkeit ist nicht feststellbar.

5.3.6 Blechdicke

Einen interessanten Effekt stellen die Ergebnisse in Abb 84 dar. Wie in [1] berichtet, lässt sich beim RPmZW im Gegensatz zum konventionellem Widerstandspunktschweißen der Verbindungsquerschnitt unabhängig von der Blechdicke vergrößern. Dies wird durch diese Messergebnisse eindrucksvoll bestätigt. Der Leitungswiderstand, beeinflusst durch die Blechdicke, spielt bei gleicher chemischer Zusammensetzung eine relativ untergeordnete Rolle.

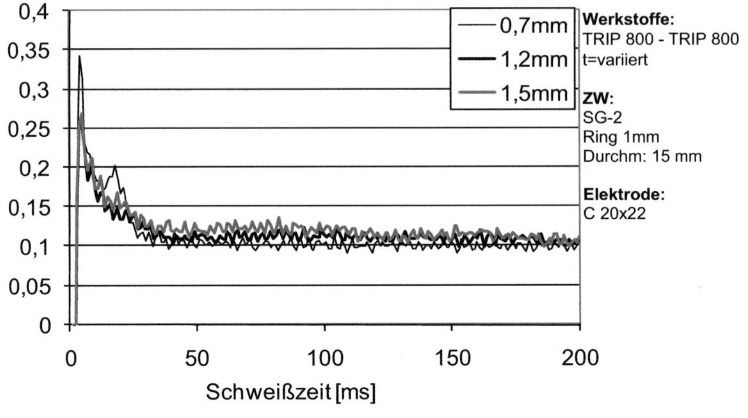

Abb 84 Einfluss der Blechdicke beim RPmZW

5.3.7 Prozessstabilität

Bei jeder Entwicklung von neuen Fügeverfahren steht vor der Umsetzung jeweils die Frage der Prozesssicherheit. In den folgenden Kapiteln werden dazu noch spezielle Ergebnisse vorgestellt. Die Abb 85 stellt dazu die gemessenen Widerstandskurven nach einer bestimmten Anzahl geschweißter Proben dar. Die Prozessvarianz ist als gering einzustufen. Üblicherweise werden im Automobilbau nach 120 Schweißungen die Elektroden fräsend bearbeitet. Dabei wird die auflegierte Zone bis auf das blanke Kupfer entfernt. Die hier durchgeführten Versuche wurden nach 160 Punkten abgebrochen, da sich keine Veränderung feststellen ließ. Die Prozesssicherheit entspricht damit zumindest der einer konventionellen Widerstandspunktschweißung.

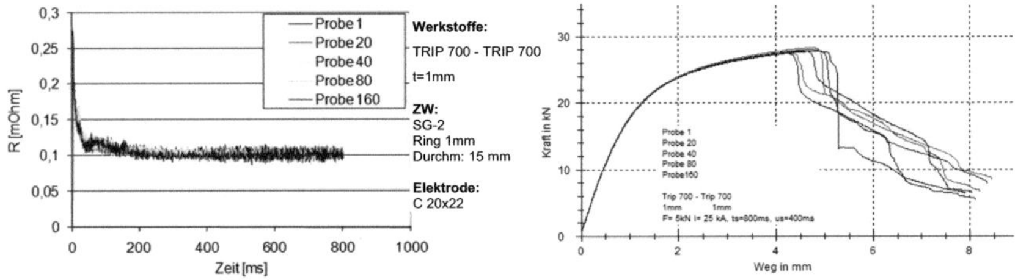

Abb 85 Widerstandskurven und Scherzugkräfte im Verlauf einer Standmengenuntersuchung

5.4 Tragverhalten

5.4.1 Definition des Schweißbereiches

Das Tragverhalten einer Widerstandsschweißverbindung ist in erster Linie vom gebildeten Punktdurchmesser abhängig. Dieser ist beim Widerstandspunktschweißen bei steigenden Strömen durch die sogenannte Spritzergrenze beschrieben. Dabei steht hinsichtlich der Anforderung nach dem prozesssicheren Einsatz eines Werkstoffs ein Mindestbereich von 1,2 kA. Im Kapitel 2 wurde bereits dargestellt, dass beim Buckelschweißen im Schrifttum technisch charakterisierbare Grenzen fehlen.

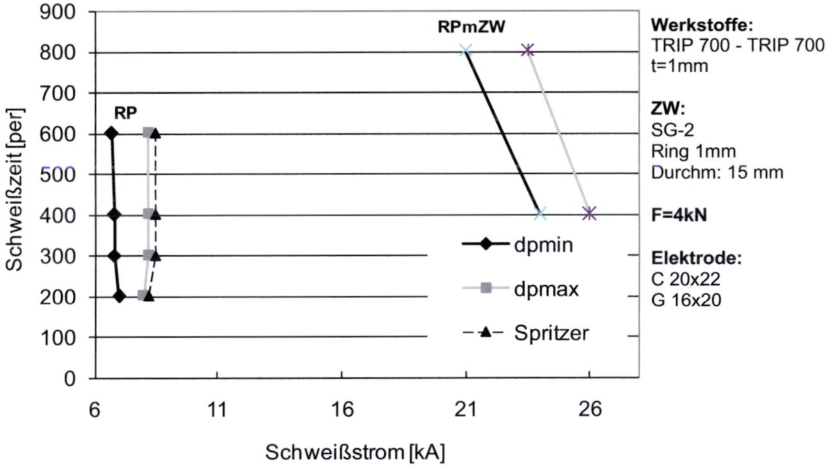

Abb 86 Vergleich der Schweißbereiche zwischen RP und RPmZW

Die Abb 86 zeigt den Vergleich der ermittelten Schweißbereiche beim RP und RPmZW an gleichen Blechdicken und Materialgüten. Beide Bereiche wurden an der gleichen Schweißanlage ermittelt. Deutlich erkennbar ist, dass der zur sicheren Verbindungsbildung benötigte Strom beim RPmZW etwa 3,5 mal so hoch ist wie beim konventionellen Prozess. Beim Widerstandspunktschweißen sind zur Bemessung des tragenden Querschnitts nach der Meißelprüfung auch Mischbrüche (Ausknöpfbruch+ Bruch in der Fügeebene) so lange zulässig, wie eine zulässige Mindestkraft bzw. dpmin nicht unterschritten wird.

Dies ist beim hier untersuchten Verfahren nicht zulässig. Begründet wird dies mit dem eklatanten Festigkeitsverlust beim Auftreten von Mischbrüchen.

Als untere Verfahrensgrenze wird hier als Mindestkriterium ein sicheres Ausknöpfen der Probe um den entsprechenden Kreisquerschnitt definiert. Mischbrüche sind nicht zulässig, da es dabei zu einer deutlich verringerten Energieaufnahme der Verbindung kommt.

Die obere Verfahrensgrenze ist ebenfalls begrenzt durch das Auftreten von Schweißspritzern, Poren und Rissen (vgl Abb 87).

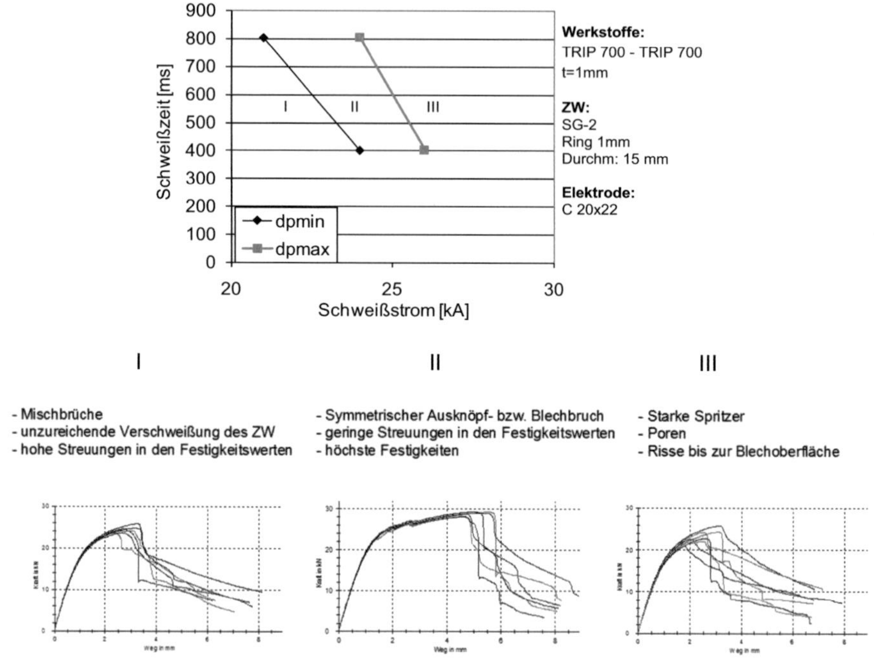

Abb 87 Eingrenzung des Schweißbereiches beim RPmZW

Die Abb 87 dient zur Veranschaulichung und Begründung der Abgrenzung des Parameterfeldes beim RPmZW. Zur Verbesserung der Prozesssicherheit wird vorgeschlagen, in Anlehnung an die vorangegangenen Kapitel einen Stromverlauf mit Stromanstieg zu wählen.

Die Abb 88 zeigt Schweißbereichsdiagramme bei unterschiedlichen Zusatzwerkstoffdurchmessern. Die grau markierten Felder sind die Bereiche, die für einen sicheren Schweißprozess vermieden werden sollten. Bei diesen Schweißzeiten sind Schweißströme jenseits der 30 kA notwendig.

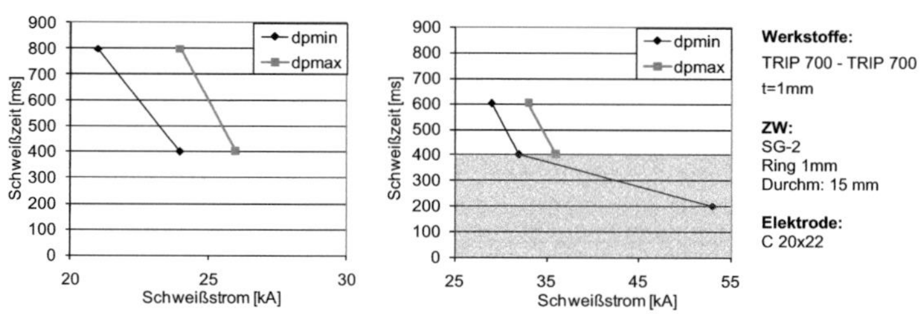

Abb 88 Vergleich der Schweißbereiche mit und ohne Stromanstieg

Genau in diesen grauen Bereichen wurde in [43] mit dem ungünstigsten Stromverlauf geschweißt. Die folgende Abbildung zeigt die dabei erreichten Ergebnisse. Auffällig ist, dass sich selbst bei einer Verdopplung der Stromstärke von 25 auf 50 kA die erreichten Scherzugwerte in einem Streubereich von 20 bis 25 kN bewegen. Die Schweißzeiten 2 bzw. 4 Perioden werden hier einmal ausgenommen. Auf Grund der verwendeten 50 Hz – Technik, bei der nur aller 20 ms ein Regeleingriff erfolgen kann, wird von großen Parameterstreuungen ausgegangen.

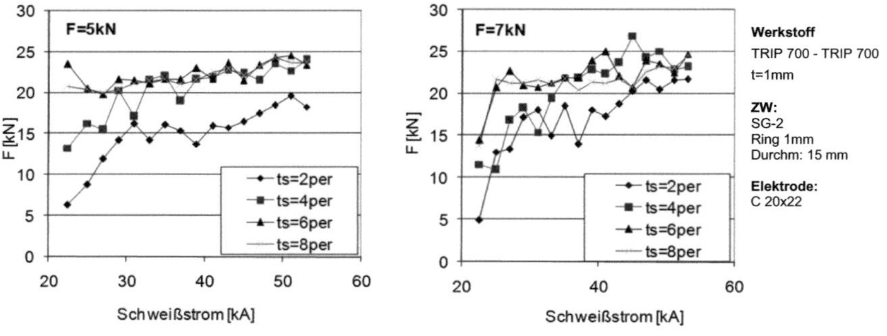

Abb 89 Erreichte Scherzugkräfte beim RPmZW im Bereich der Kurzzeitschweißung ohne Stromanstieg nach [4]

Bei den in dieser Arbeit durchgeführten Untersuchungen wurde bis auf beschriebene Ausnahmen mit Stromanstieg (upslope) geschweißt. Zur Begründung dieser Vorgehensweise dient die folgende Darstellung.

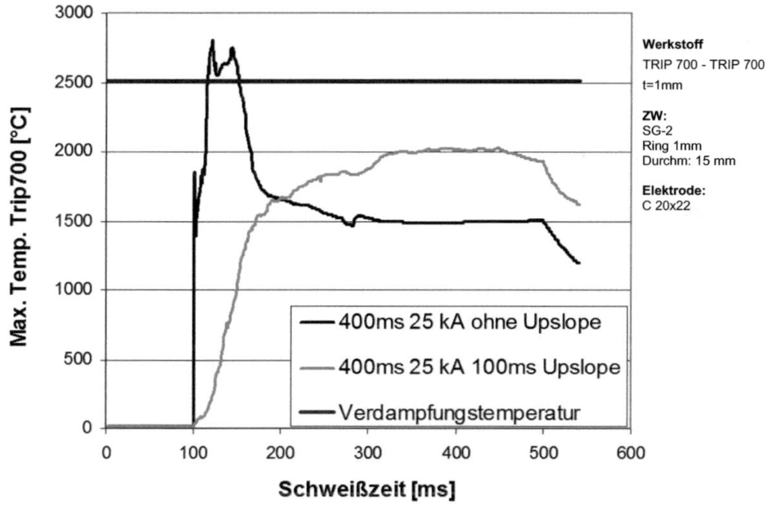

Abb 90 Simulierter Temperaturverlauf im Grundwerkstoff bei unterschiedlich gewählten Stromverlaufsformen.

Die Abb 90 zeigt deutlich den Unterschied der Temperaturentwicklung in Abhängigkeit von den gewählten Schweißparametern. Beim Schweißen ohne Stromanstieg wird innerhalb von 10 ms die Verdampfungstemperatur des Grundwerkstoffs erreicht. Es kommt dabei, wie in [43] dokumentiert, unabhängig von der Stromstärke immer zu einer Spritzerbildung.
Zur Ermittlung des Schweißbereiches wird daher das Kriterium Verdampfungstemperatur des Zusatzwerkstoffs verwendet.

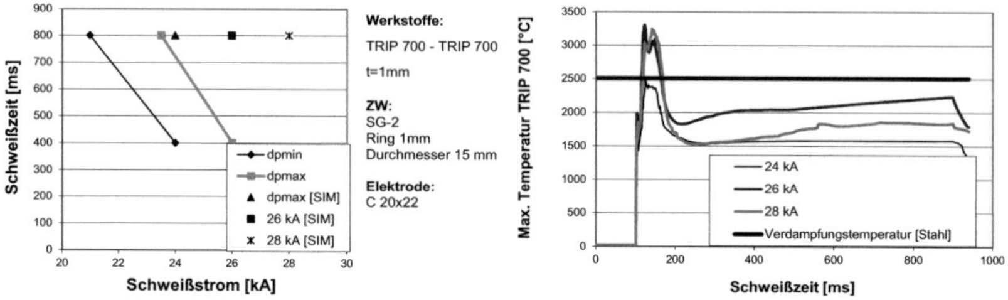

Abb 91 Vergleich des ermittelten Schweißbereichs mit simulierten Abbruchkriterien beim RPmZW (ohne Stromanstieg)

Die Abb 91 zeigt die Korrelation zwischen den durch Versuche ermittelten Schweißbereich mit dem ermittelten Abbruchkriterium - Verdampfungstemperatur. Während bei einer Stromstärke von 24 kA die Verdampfungstemperatur noch nicht erreicht wird, wird diese bei 26 kA bereits deutlich überschritten. Eine ähnlich scharfe Grenze lässt sich auch bei den simulierten Temperaturen beim Schweißen mit Stromanstieg feststellen (vgl. Abb 92)

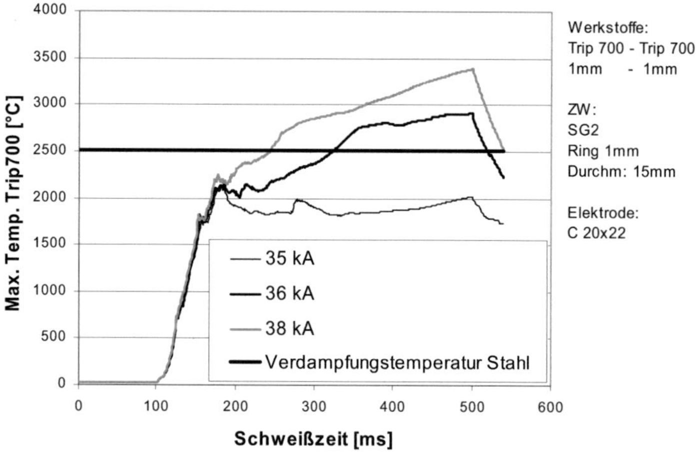

Abb 92 Erreichen des Abbruchkriteriums Verdampfungstemperatur beim RPmZW mit Stromanstieg

Mit dieser Erkenntnis ist es möglich, Schweißparameterbereiche für das RPmZW und das Buckelschweißen analytisch zu ermitteln und damit Schweißanlagen auszulegen.

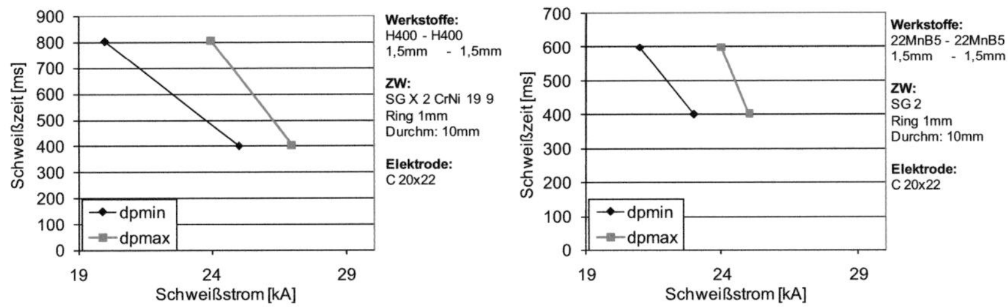

Abb 93 Versuchstechnisch ermittelte Schweißbereiche für RPmZW für den vergüteten 22MnB5 bzw. H400 (1.4376).

5.4.2 Verbindungscharakteristik

Bevor im Einzelnen auf die erreichten Festigkeitswerte eingegangen wird, soll in diesem Kapitel, anhand der untersuchten Werkstoffe der Aufbau einer RPmZW – Verbindung erläutert werden. Wie bereits im Kapitel 2 beschrieben, bestehen im Verbindungsaufbau einer RPmZW-Schweißung im Vergleich zu einer konventionellen Schweißlinse wesentliche Unterschiede. Während beim Punktschweißen eine geschlossene Kontur vorliegt, handelt es sich hierbei um eine ringförmige Schweißverbindung. Innerhalb der verschweißten Ringfläche existiert keine Verbindung. Dies ist eine Konsequenz aus den Betrachtungen im Schrifttum, dass die höchsten Spannungen in der Kerbe am Schweißpunktrand auftreten. Das Innere des Schweißpunktes überträgt keine Kräfte. Beim Auftreten von großen Poren kann es jedoch zum Versagen in der Fügeebene kommen. Bei dem hier untersuchten Verfahren ist die nicht verschweißte Zone ebenfalls als Pore anzusehen. Trotzdem versagen die Proben zu dem verhältnismäßig geringen Verbindungsquerschnitt unter Beachtung der oben untersuchten Randbedingungen durch Ausknöpfen. Dies liegt daran, dass die wirkenden Spannungen hauptsächlich durch den Punktdurchmesser beeinflusst werden. Die Auslegung von Fügeverbindungen beim RPmZW wird in Kapitel 6 beschrieben.

5.4.2.1 TRIP 700

Beim Widerstandspunktschweißen mit Zusatzwerkstoff wird im Gegensatz zum konventionellem Prozess die Stromkonzentration durch die definierte Ringkontaktfläche erzeugt. Die Elektroden besitzen eine ebene Kontaktfläche. Beim Punktschweißen geschieht dies in erster Linie durch die Kontaktfläche der Elektrode und der Elektrodenkraft. Während des Schweißprozesses sinkt die Elektrode in den Werkstoff ein und erzeugt den Elektrodeneindruck. Damit wirkt auf die Werkstoffaußenseite eine überlagerte thermische und mechanische Belastung. Dies führt zusätzlich durch das Vorhandensein von Zink und Kupfer zu Rissen an der Außenseite der Bleche. Beim RPmZW wird die gesamte Kraft zum Umformen des Zusatzwerkstoffs verwendet. Eine zusätzliche mechanische Belastung auf der Blechaußenseite wird dadurch vermieden. Der Werkstoff TRIP 700 neigt beim konventionellen Prozess nach [99] zur Bildung von Martensit. Es kommt zur starken Aufhärtung im Bereich der WEZ sowie der Linse, was zu Rissen am Rand der

Schweißlinse führt. Die 0 zeigt einen Vergleich der Härtewerte bei RP und RPmZW gemessen von der Blechaußenseite zu Blechaußenseite.

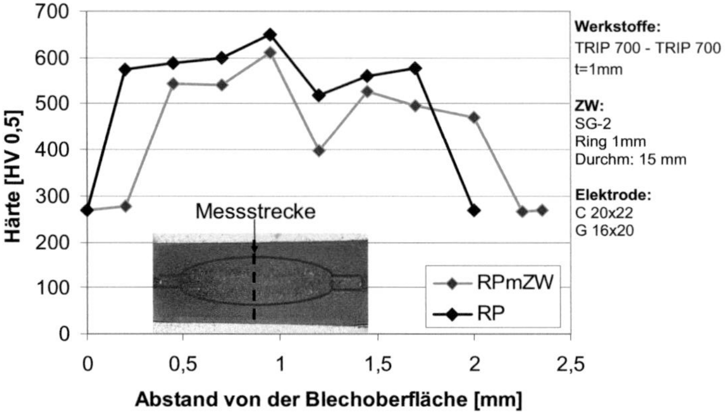

Abb 94 Vergleich der Härtewerte zwischen RP und RPmZW bzw. der Härtewerte bei RPmZW bei unterschiedlichen Verfahrensparametern

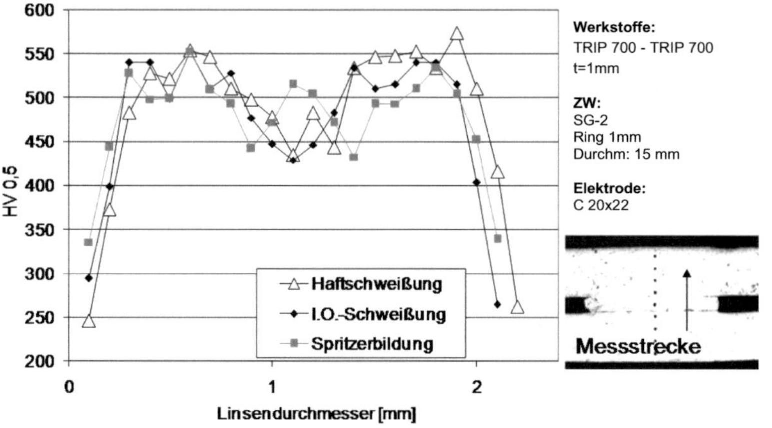

Abb 95 Vergleich der Härtewerte bei RPmZW bei unterschiedlichen Verfahrensparametern

Zusätzlich wurde die Beeinflussung der Härte beim RPmZW bei unterschiedlichen Schweißparametern untersucht. Die Härtewerte beim RP sind geringfügig höher als beim RPmZW. Ursache sind die geringfügig höheren Abkühlgeschwindigkeiten beim konventionellen Prozess.

Die Abb 96 zeigt die simulierten Abkühlgeschwindigkeiten beim RPmZW an diskreten FEM-Knoten eingetragen in das ZTU-Schaubild des TRIP700 nach [100]. Danach bewegen sich alle Werte im Gebiet der Martensitbildung, was die gemessenen Härtewerte begründet.

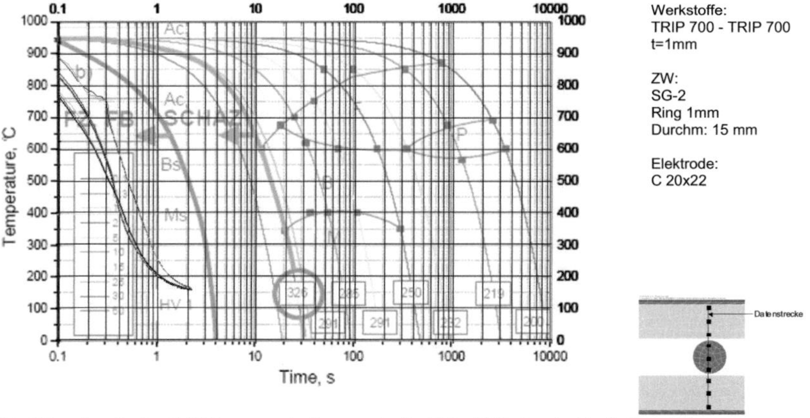

Abb 96 simulierte Zeit-Temperaturkurven beim RPmZW durch die Schweißlinse

Deutlich erkennbar ist in der rechten Darstellung der 0, dass die Parameter beim RPmZW zur Blechaußenseite stark von den gewählten Schweißparametern abhängig sind. Im Kapitel zur Simulation wurde bereits auf die unterschiedliche Ausprägung der Erwärmung eingegangen.
Aus diesem Grund wurde an RP und RPmZW – Proben die Oberfläche durch Schleifen begradigt und Härtewerte bestimmt (vgl. Abb 97).

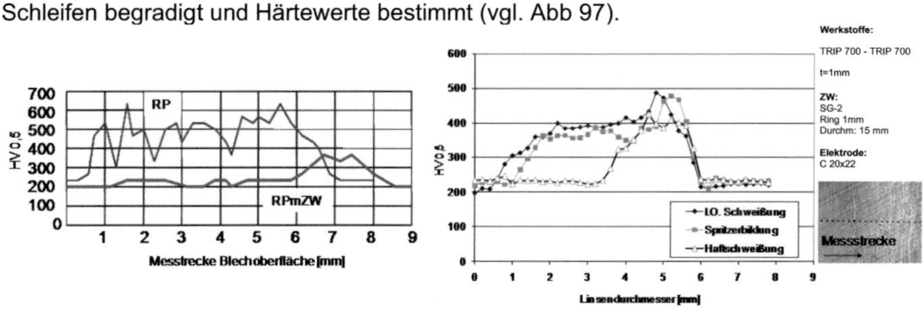

Abb 97 Vergleich der Härtewerte an der Oberfläche zwischen RP und RPmZW bzw. der Härtewerte bei RPmZW bei unterschiedlichen Verfahrensparametern

Deutlich erkennbar ist zum Einen der Unterschied zwischen beiden Verfahren. Ursache ist die angesprochene mechanische Deformation verursacht durch das Einsinken der Elektroden beim RP-Schweißen. Der zuvor bestimmte Einfluss der Schweißparameter auf die Wärmefeldbildung beim RPmZW ist ebenfalls sehr deutlich wieder zu finden.

Die Abb 98 zeigt die errechneten Zeit-Temperatur-Kurven beim RPmZW entlang der FEM-Knoten an der Oberfläche. Damit lässt sich der gemessene Härteverlauf nachweisen. Wenige Kurven kommen aus dem Bereich oberhalb der GSK – Linie, womit der Härteanstieg im Kontaktbereich des Zusatzwerkstoffs begründbar ist.

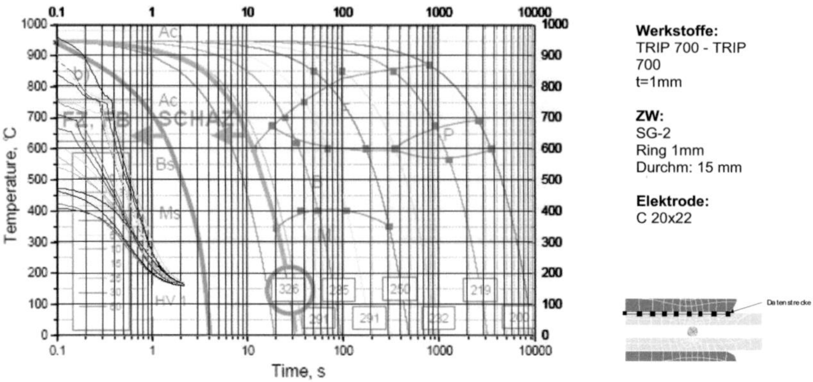

Abb 98 simulierte Zeit-Temperaturkurven beim RPmZW entlang der Oberfläche

Anhand dieser Untersuchungen wurde noch einmal der Verfahrensunterschied zwischen dem RP und dem RPmZW verdeutlicht. Weiterhin ist es möglich, anhand der Verknüpfung Versuch – Simulation eine Aussage über das entstehende Gefüge treffen zu können. Mit einem kalibrierten Versuch für die jeweilige Werkstoffgüte ist es dann möglich ein wesentlich differenzierteres ZTU-Schaubild zu erstellen. Diese hier erarbeiteten Ansätze fließen in aktuellen Forschungsprojekten ein. Damit wird es dem Anwender möglich sein, ohne aufwendige Mikrohärtemessungen eine Voraussage über den Zustand des Gefüges zu treffen.

5.4.2.2 22MnB5

Der formgehärtete 22MnB5 zeigt ein vollständig anderes Verhalten als unvergütete Stähle entlang der Schweißlinse sowie der WEZ. Die Abb 99 und die Abb 100 zeigen den Verlauf der Härtemessung.

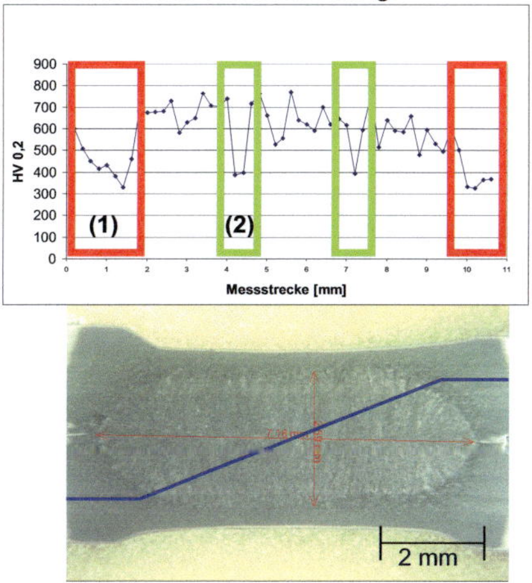

Abb 99 Härtemessung RP 22MnB5/ 22MnB5, 2mm-2mm

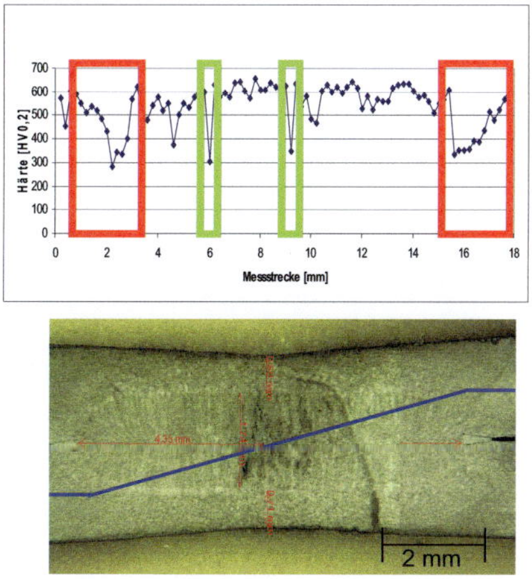

Abb 100 Härtemessung RP 22MnB5/ 22MnB5, 2mm-2mm +SG-2 Ring (Ø 10 mm)

Im Bereich der WEZ lassen sich charakteristische Entfestigungszonen bei beiden Verfahren feststellen. Im roten Bereich (1) handelt es sich um angelassenes Martensit und Bainit. Die Breite der grünen Zone (2) ist gering und ist auf den Einfluss der Elektrodenkühlung zurück zu führen (Entfestigung im schmelzgrenznahen Bereich). Der Härtewert sinkt in beiden Bereichen auf den Wert des unvergüteten Ausgangswerkstoffs. Eindeutig ist, dass der Werkstoff in diesen Bereichen seinen Vergütungszustand verliert.

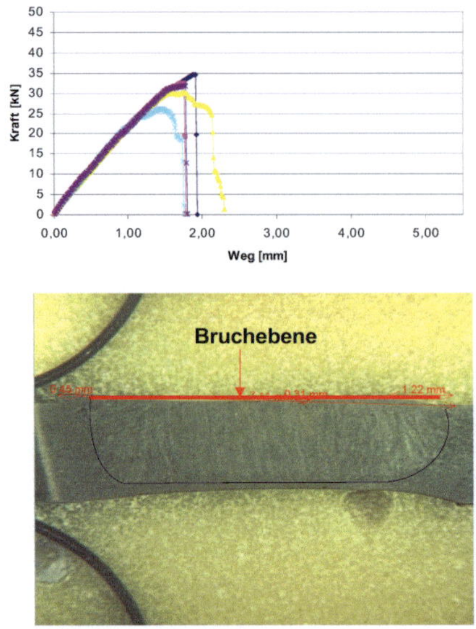

Abb 101 Scherzugfestigkeit und Versagensart beim konventionellem RP von BTR165 2mm

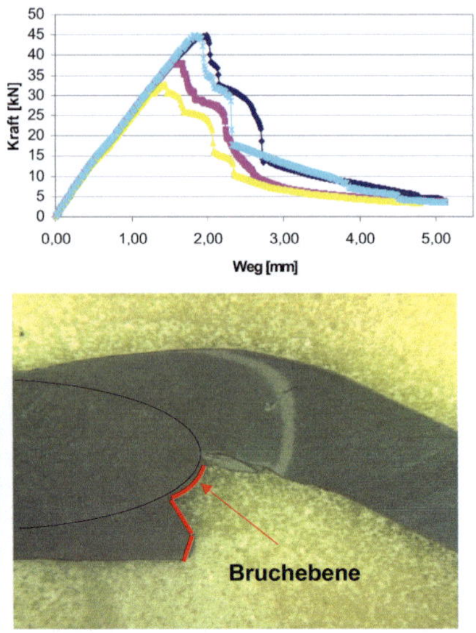

Abb 102 Scherzugfestigkeit und Versagensart beim RPmZW (Ringelement) von BTR165 2mm

Während eine konventionell widerstandspunktgeschweißte Verbindung beim 22MnB5 im quasistatischen Zugversuch schlagartig und makroskopisch verformungslos versagt, kommt es beim Widerstandspunktschweißen mit Zusatzwerkstoff zu einem Ausknöpfen des Fügepunktes. Eine Ursache ist, dass bedingt durch die hohe Zugfestigkeit des Werkstoffs, bei einer Blechdicke von 2 mm, die RP-Probe unter Scherzugbelastung nicht ausreichend in den Kopfzug übergeht. Somit verläuft der Riss beim Widerstandsschweißpunkt entlang der Fügeebene (siehe Abb 101).

Beim Widerstandspunktschweißen mit Zusatzwerkstoff zeigt die Probe ebenfalls kaum einen Kopfzuganteil. Der Bereich der thermischen Beeinflussung ist etwa 2 mm größer als die Zone beim RP (vgl. Abb 99 und Abb 100). Nach Abb 60 wird durch das Zusatzelement die Schweißlinse vergrößert und nach [21] die auftretenden Spannungen verringert. Durch die große thermische Beeinflussung des Grundwerkstoffs (GW) kann dieser Effekt jedoch nicht ausgenutzt werden.

Die größere „weiche" Zone verhält sich dabei wie ein Werkstoff geringerer Güte. Die Energieaufnahme einer solchen Verbindung im statischen Fall ist trotz der schlechten Eigenschaften der WEZ größer als bei den konventionellen Widerstandspunktschweißverbindungen.

5.4.2.3 H400 (1.4376)

Die Abb 103 zeigt den Härteverlauf durch eine widerstandspunktgeschweißte Probe beim Werkstoff H400 (Blechdicke t = 1,5 mm).

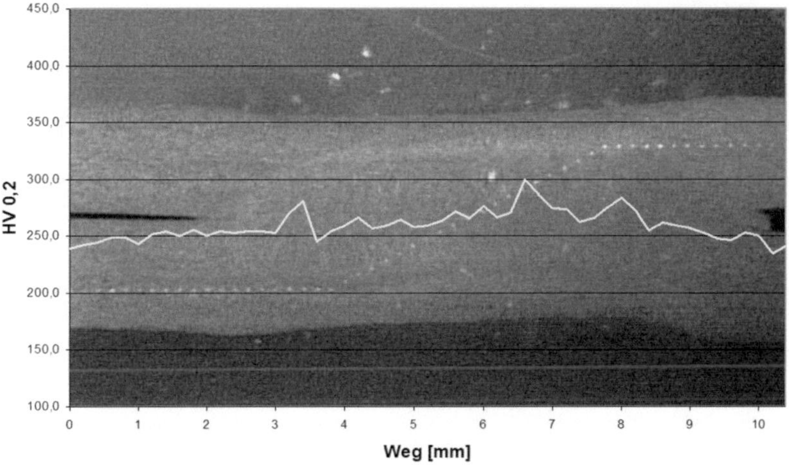

Abb 103 Härteverlauf RP H400

Der H400 ist ein umwandlungsfreier, austenitischer Stahl. Ausgehend vom unbehandelten Grundwerkstoff, über die Wärmeeinflusszone sowie über die gesamte Schweißlinse ist ein gleich bleibender Härteverlauf mit geringfügigen Abweichungen zu messen.

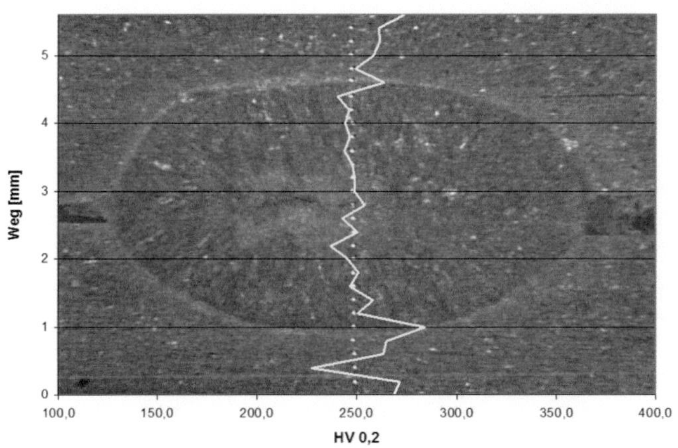

Abb 104 Härteverlauf RP H400 + Zusatzwerkstoff SG X 2 CrNi 19 9

Beim Widerstandspunktschweißen von H400 mit dem Zusatzwerkstoff SG X 2 CrNi 19 9 ist ebenfalls ein gleichbleibender Härteverlauf zu verzeichnen.

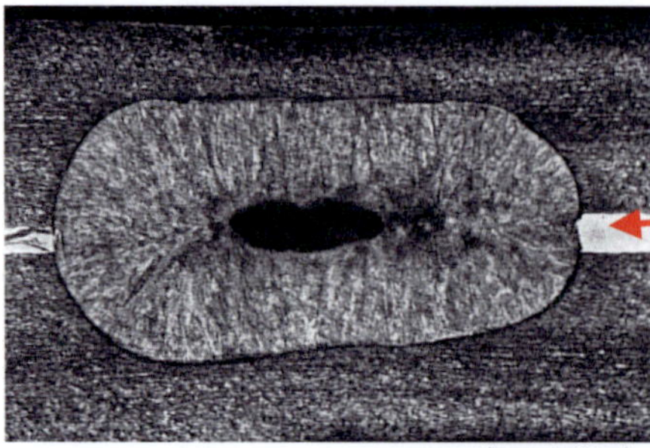

Im nebenstehenden Bild ist ein Querschliff durch eine Probe (RP m ZW) zu sehen.

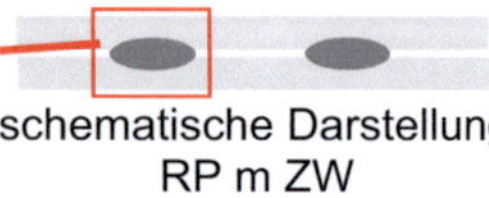

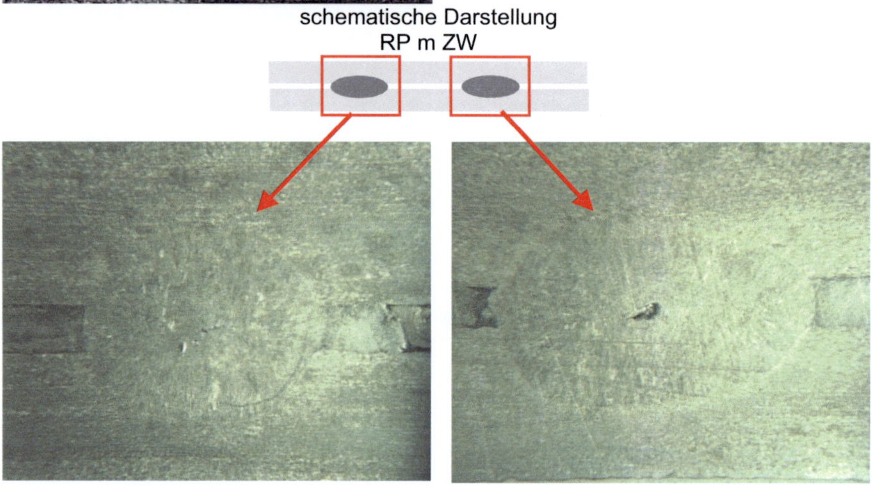

Abb 105 Schliffbilder von Widerstandspunktschweißungen H400 mit Zusatzwerkstoff SG X 2 CrNi 19 9

Da sich während der Schliffherstellung herausgestellt hat, dass es im Schweißgut zum Auftreten von Poren kommt, wurde dazu eine umfassendere Untersuchung durchgeführt. Sie sollte Aufschluss über die Entstehung der Poren geben. Die Untersuchungsergebnisse sind Abb 106 dargestellt.

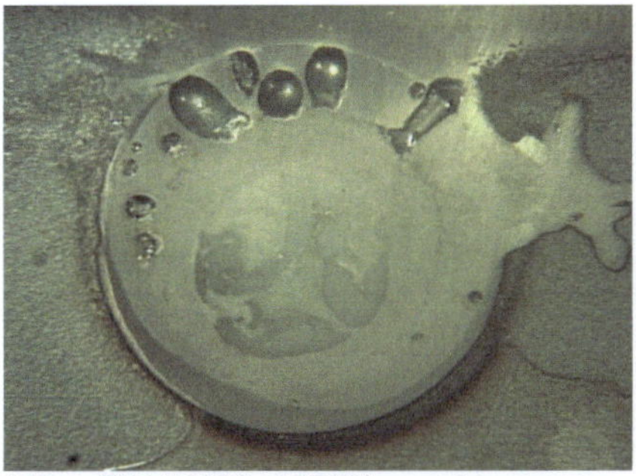

RP m ZW (H400+45503) geschlossener Ring

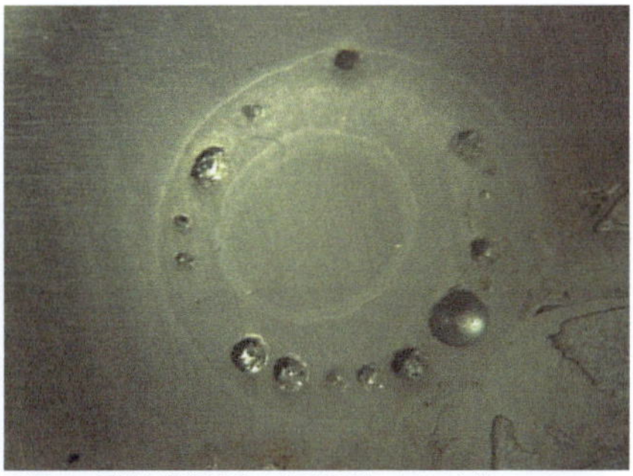

RP m ZW (H400+45503) geschlossener Ring

RP m ZW (H400+45503) offener Ring

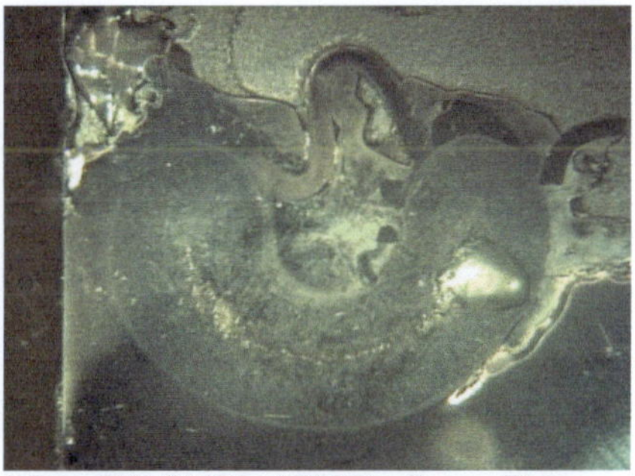

RP m ZW (H400+45503) offener Ring

RP m ZW (H400+45503) Stab

RP m ZW (H400+45503) Stab

Abb 106 Querschliffe der Fügeebene

Bei der Schlifferstellung senkrecht zur Fügeebene wurden Poren festgestellt. Um zu klären, ob diese Poren nur Einzelerscheinungen oder im gesamten Ring vorhanden sind, wurde das obere Blech im Bereich der Fügestelle herunter geschliffen. Dabei stellte sich heraus, dass die Poren im gesamten Ringbereich vorkommen. Es lag die Vermutung nahe, dass es sich um Lufteinschlüsse handelt. Um dem nachzugehen, wurden Proben mit einem ¾-Ring und stabförmigen Einlegeelementen geschweißt.

Bei den Proben mit ¾-Ring waren wesentlich weniger Poren festzustellen. Proben mit stabförmigen Einlegeelement zeigen keine Porenneigung. Somit konnte nachgewiesen werden, dass es sich lediglich um Einschlüsse aus der Luft im Inneren des Ringes handelt. Der Prozess der Porenbildung verläuft folgendermaßen: Die beiden Fügepartner bilden zusammen mit einem 360° Ring einen abgeschlossenen Hohlraum. Beim nachfolgenden Fügeprozess kommt es bedingt durch die Prozesswärme, zu einer Volumenvergrößerung der im Inneren eingeschlossenen Luft. Diese Luft kann entweichen, wenn das Schweißgut flüssig ist. Nach Beendigung des Schweißprozesses erstarrt der schmelzflüssige Zusatzwerkstoff. Die zu diesem Zeitpunkt entweichende Luft bleibt als Schweißpore zurück. Die Zugversuche haben jedoch ergeben, dass die Poren keinen Einfluss auf die Festigkeit haben. Somit kann dieses Phänomen vernachlässigt werden.

5.4.3 Quasistatische Belastung

Zum Versagensverhalten unter quasistatischer Scherzugbelastung in Abhängigkeit gewählter Parameter bzw. Einflussgrößen wurde bereits in den vorangegangen Kapiteln berichtet. In diesem Abschnitt soll noch einmal auf die Unterschiede im Versagensverhalten zwischen konventionellem Punktschweißen und Widerstandspunktschweißen hingewiesen werden.

Die Abb 107 zeigt den Unterschied im Kraft-Weg-Verlauf der beiden Verfahren. Durch das RPmZW lässt sich die Bruchkraft gegenüber dem konventionellem Prozess verdreifachen. Die Energieaufnahme bis zum Bruch vergrößert sich um den Faktor 300.

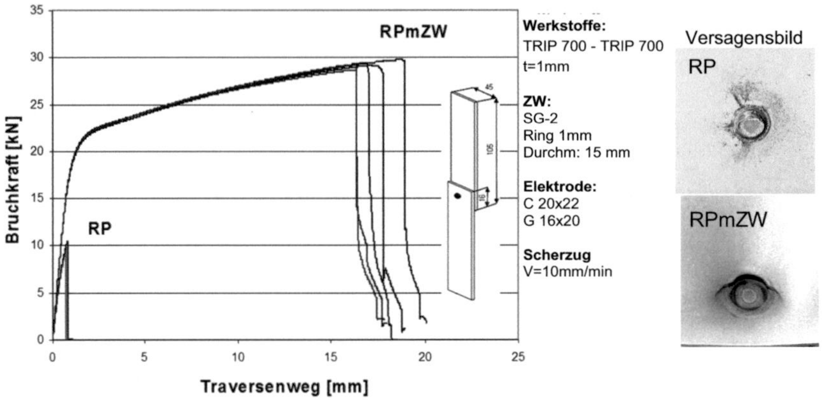

Abb 107 Vergleich der Scherzugkräfte und Versagensverhalten RP mit RPmZW bei der Verbindung TRIP 700 1mm - TRIP 700 1mm

Ein ähnliches Verhalten zeigt sich auch bei der Anwendung des Verfahrens beim rostfreien H400 (vgl. Abb 108).

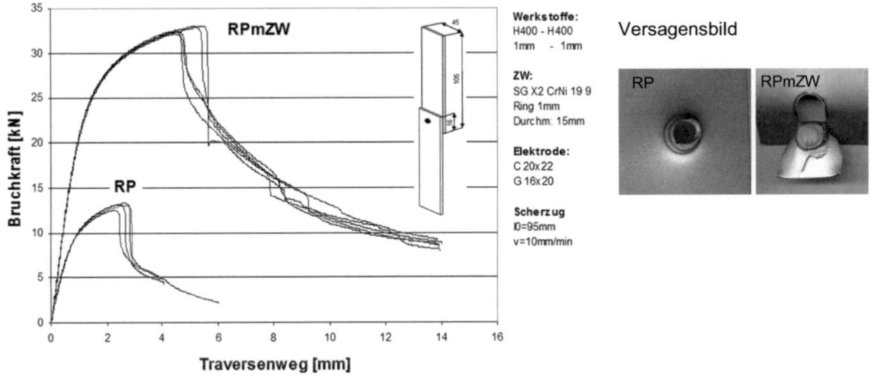

Abb 108 Vergleich der Scherzugkräfte und Versagensverhalten RP mit RPmZW bei der Verbindung H400 1mm – H 400 1mm

Auch beim höchstfesten, vergüteten Stahl 22MnB5 lässt sich eine deutliche Steigerung in Bruchkraft und Energieaufnahme durch den Einsatz eines Zusatzwerkstoffs erreichen.

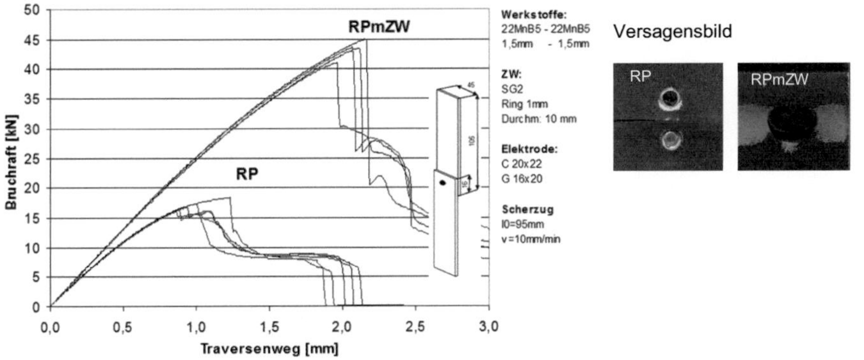

Abb 109 Vergleich der Scherzugkräfte und Versagensverhalten RP mit RPmZW bei der Verbindung 22MnB5 1,5mm - 22MnB5 1,5mm

Diese Untersuchungen unterstreichen das Ergebnis der Verfahrensentwicklung in dieser Arbeit. Dem gesetzten Anspruch einer wesentlichen Verbesserung der Verbindungswertigkeit wurde durchaus gerecht. Die Abb 110 stellt noch einmal das Endergebnis in Bezug auf die Ausgangssituation dar. Mit der Anwendung dieses Verfahrens ist es der Widerstandsschweißtechnik gelungen, in Leistungsbereiche der Lichtbogenverfahren zu gelangen.

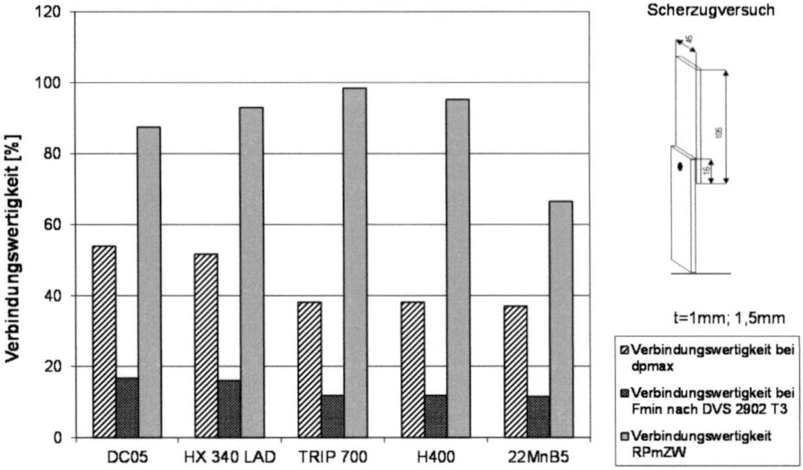

Abb 110 Erreichte Steigerung der Verbindungswertigkeit durch Einsatz des RPmZW bei hochfesten Stahlgüten

Keine wesentliche Verbesserung wird unter Schälzugbelastung erreicht (vgl. Abb 111). Bei Konstruktionen, bei denen die Fügestellen unter diesem Belastungsfall beansprucht werden, ist das RPmZW nicht empfehlenswert.

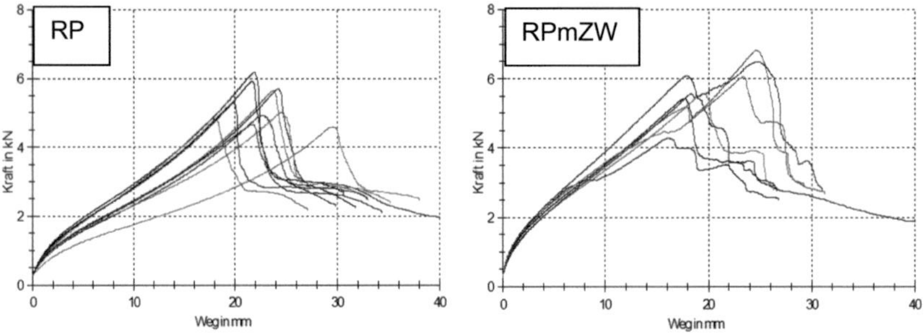

Abb 111 Vergleich der Schälzugkraft von RP und RPmZW, H400 – H400, t=1mm; ZW: X2 CrNi 19 9

5.4.4 Dynamische Belastung

Ein weiteres Kriterium für den potentiellen Einsatz einer Fügeverbindung im Automobilbau ist das Verhalten unter hohen Verformungsgeschwindigkeiten. Diese Versuche dienen zur Ermittlung der Energieaufnahme und des Versagensverhaltens im Falle eines Fahrzeugcrashs. Bei den Versuchen zeigt sich ein Verhalten analog der quasistatischer Belastung. Durch das RPmZW lässt sich die Energieaufnahme um 75 – 89 % steigern (vgl. Abb 112).

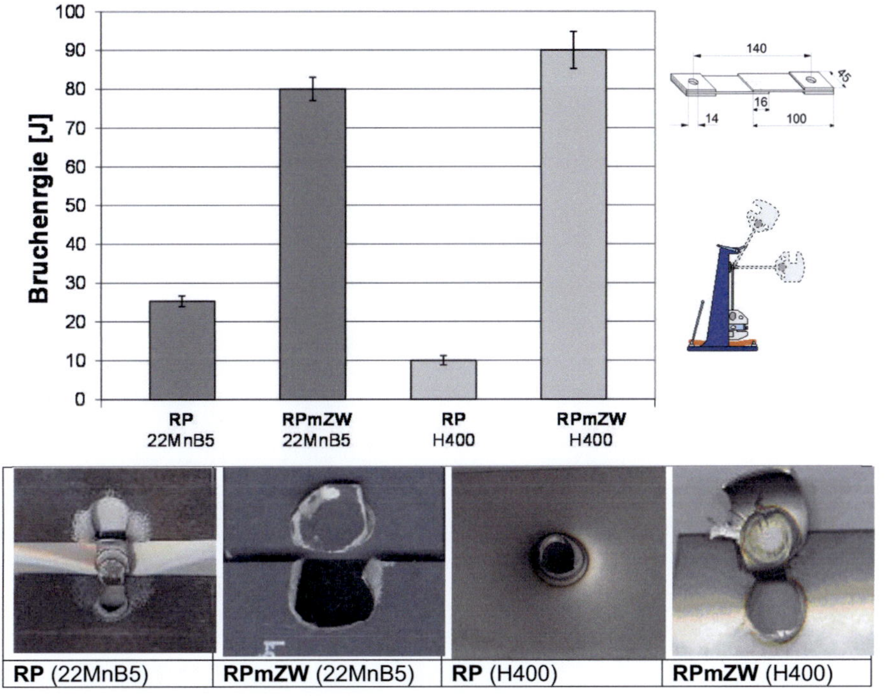

Abb 112 Vergleich der Energieaufnahme zwischen RP und RPmZW unter schlagartiger Belastung bei unterschiedlichen Werkstoffen

5.4.5 Einflussgrößen auf die zyklische Belastbarkeit

Bei der Überprüfung der ertragbaren Lastwechsel soll eine Aussage über die Lebensdauer einer Fügeverbindung getroffen werden. Beim konventionellen Widerstandspunktschweißen existieren, wie in Kapitel 2 dargestellt, umfangreiche Erkenntnisse. Dabei wird unter anderem auch auf den Einfluss des Punktdurchmessers sowie zusätzliche Klebstoffe auf die Lebensdauer betrachtet. Weiterhin wurden umfangreiche Berechnungsgrundlagen zur Vorhersage der Lebensdauer von Punktschweißverbindungen nach unterschiedlichen Ansätzen (z.B. Strukturspannungskonzept, Bruchmechanischer Ansatz) erarbeitet. Die Versuche sind natürlich begrenzt durch die Verfahrensparameter beim Punktschweißen. So lässt sich der Punktdurchmesser zwischen dp_{min} und dp_{max} um maximal 2 mm variieren.

Das hier entwickelte Verfahren lässt eine wesentlich höhere Variation des punktförmigen Verbindungsquerschnitts unabhängig von der Blechdicke zu. Daher sollen die folgenden Untersuchungen zur Ermittlung wesentlicher Einflussgrößen auf die zyklische Belastbarkeit dienen und einen Vergleich des Versagensverhaltens zum konventionellen Punktschweißen darstellen.

Die Versuche zur zyklischen Belastbarkeit(Schwingfestigkeitsuntersuchungen) beinhalten folgende Einflussfaktoren:

- Verfahrensvariation (RP; RPmZW)
- Änderung der Belastungsrichtung (Scher-, Schälzug)
- Blechdickenänderung
- Fügeverbindungskombination (Einsatz von korrosionsverhindernden Dichtstoff)
- Korrosionsbelastung

Die Abb 113 stellt nach [20] die möglichen Rissausbreitungswege in Abhängigkeit von der Belastungsrichtung bei zyklischer Belastung dar. In der rechten Abbildung wurden die Rissausbreitungswege für den hier hauptsächlich untersuchten Belastungsfall – Scherzug dargestellt.

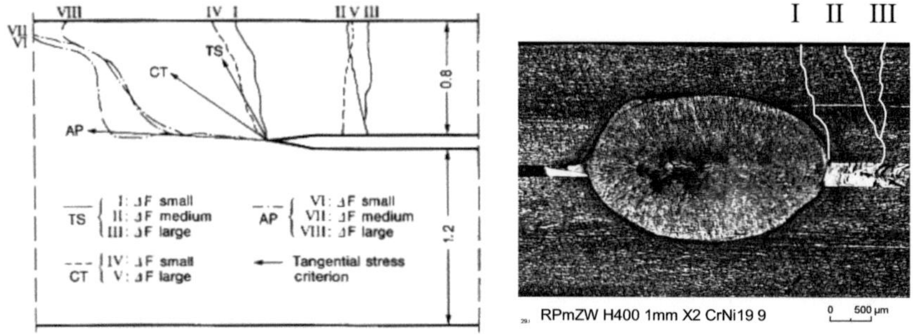

Abb 113 Auswertung der Rissfront nach [20]

5.4.5.1 Belastungsrichtung

In den Betrachtungen zur quasistatischen Belastbarkeit wurde festgestellt, dass sich bei Schälzug die Verfahren RPmZW sowie RP auf einem Niveau bewegen. Die Untersuchungen unter Zugschwellbelastung zeigen dagegen ein wesentlich besseres Bild. Im Bereich der Dauerfestigkeit lässt sich eine Verdopplung der ertragbaren Lastamplituden gegenüber dem konventionellen Punktschweißen darstellen (vgl Abb 114). Der Rissfortschritt erfolgt nach Abb 113 Versagensverlauf II.

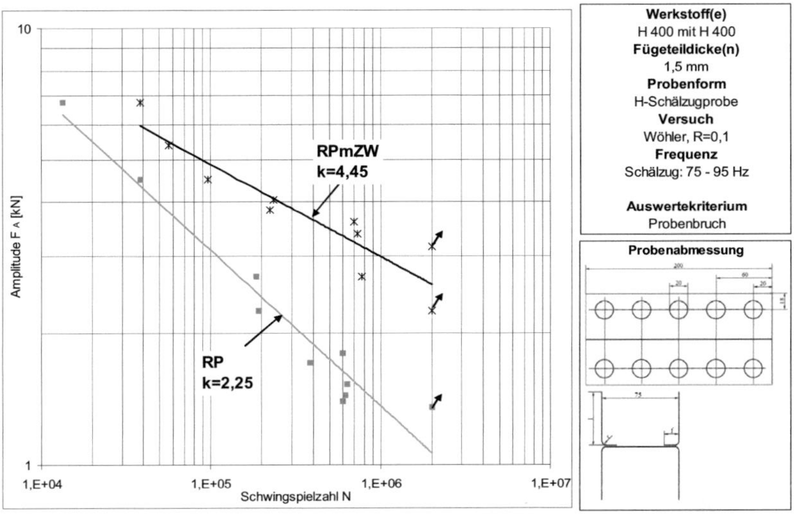

Abb 114 Vergleich der Schwingfestigkeit bei Schälzugbelastung zwischen RP und RPmZW

Die Abb 115 zeigt den Unterschied zwischen Scher- und Schälzug beim RP und RPmZW. Unter Scherzugbelastung besitzen beide Verfahren annähernd den gleichen k-Wert. Ursache ist der dem konventionellen Punktschweißen ähnlich gelagerten Versagensmechanismus. Der Rissausgangsort ist wie auch beim RP-Schweißen die Kerbe am Schweißlinsenrand. Die Verdopplung der ertragbaren Lastwechsel resultiert aus der Vergrößerung des tragenden Querschnitts. Der Rissfortschritt erfolgt nach I.

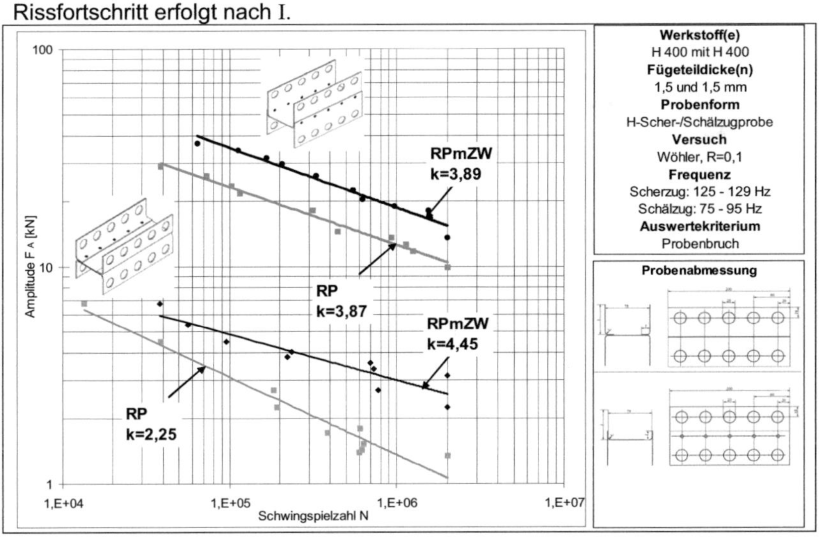

Abb 115 Vergleich der Verfahren RP und RPmZW unter zyklischer Zugschwellbelastung.

5.4.5.2 Blechdicke

Die Abb 116 zeigt den Einfluss der Blechdicke auf beide Verfahren. Wiederum lässt sich feststellen, dass bei allen Varianten in etwa die gleiche Steigung k zu verzeichnen ist. Die Blechdicke ist damit nachweislich auf die Schwingfestigkeit widerstandsgeschweißter Proben nicht einflussnehmend. Bei der Betrachtung der Ergebnisse fällt aber folgende Erkenntnis auf. Die Schwingfestigkeit einer konventionell punktgeschweißten Probe mit einer Blechdicke von 1,5 mm besitzt die gleiche Schwingfestigkeit wie die RPmZW-Proben mit einer Blechdicke von 1 mm. Sollte eine Konstruktion den Einsatz des Verfahrens zulassen, ist dadurch bei gleicher Lastamplitude eine Blechdickenreduktion um 0,5 mm möglich. Der Rissfortschritt erfolgt nach I.

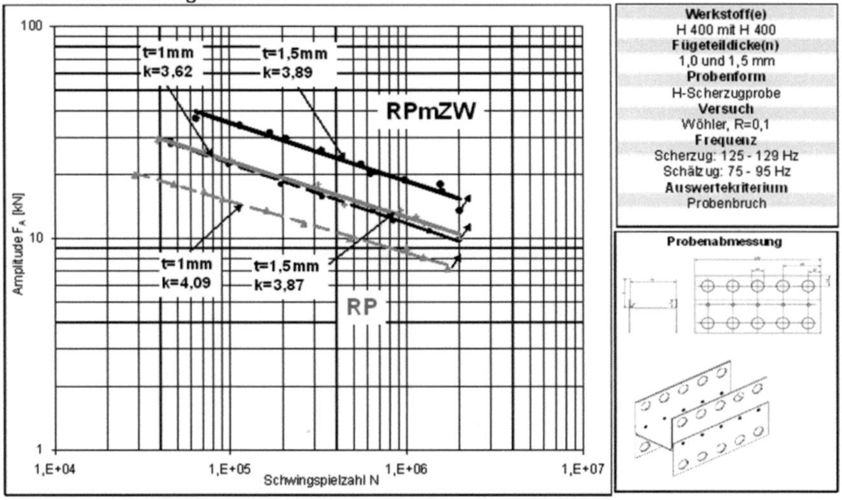

Abb 116 Einfluss der Blechdicke auf die zyklische Belastbarkeit beim RP und RPmZW

5.4.5.3 Dichtstoff

Zur Vermeidung von Korrosion an den aus rostfreiem H400 hergestellten Proben wurde ein Dichtstoff eingesetzt. Der auf MS-Polymerbasis beruhende niedrigfeste Karosserieklebstoff Terostad 9120 bewirkt eine Steigerung der ertragbaren Lastwechsel um 20 % (vgl. Abb 117). Der Rissfortschritt erfolgt nach I.

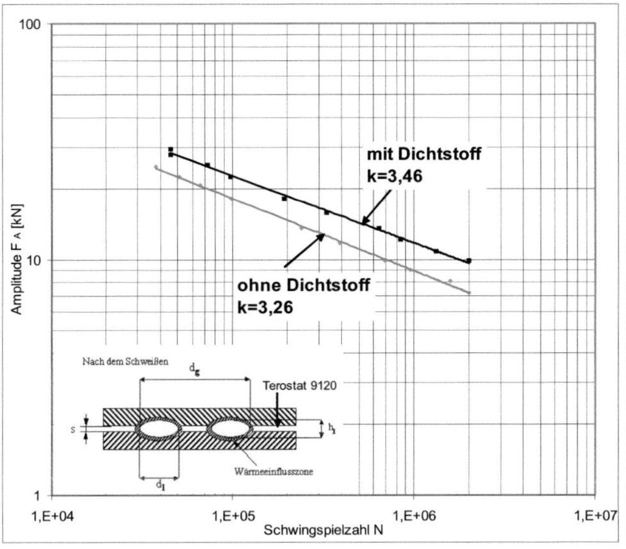

Werkstoff(e)
H 400 mit H 400
Fügeteildicke(n)
1,0 mm
Probenform
H-Scherzugprobe
Versuch
Wöhler, R=0,1
Frequenz
Scherzug: 125 - 129 Hz
Schälzug: 75 - 95 Hz
Auswertekriterium
Probenbruch

Probenabmessung

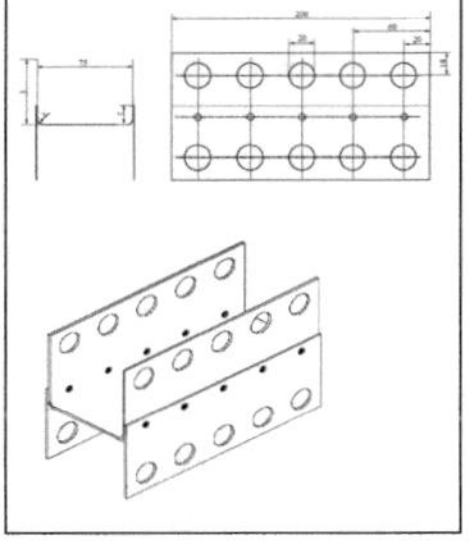

Abb 117 Einfluss eines Dichtstoffs auf die zyklische Belastbarkeit beim RPmZW

5.4.6 Korrosion

In vielen Forschungsarbeiten wurde bereits der Einfluss der Korrosion auf Punktschweißverbindungen untersucht. Da hier der rostfreie H400 (neues Werkstoffkonzept) untersucht wurde und dieser beim Fügen durch Anlauffarben die Korrosionsbeständigkeit verliert, bestand Untersuchungsbedarf hinsichtlich der Anwendbarkeit von CrNi-Werkstoffen im Karosseriebau. In der Abb 118 liegen alle Wöhlerlinien auf einem Lasthorizont. Ein Einfluss der Korrosion ist nicht feststellbar. Der Rissfortschritt erfolgt nach I.

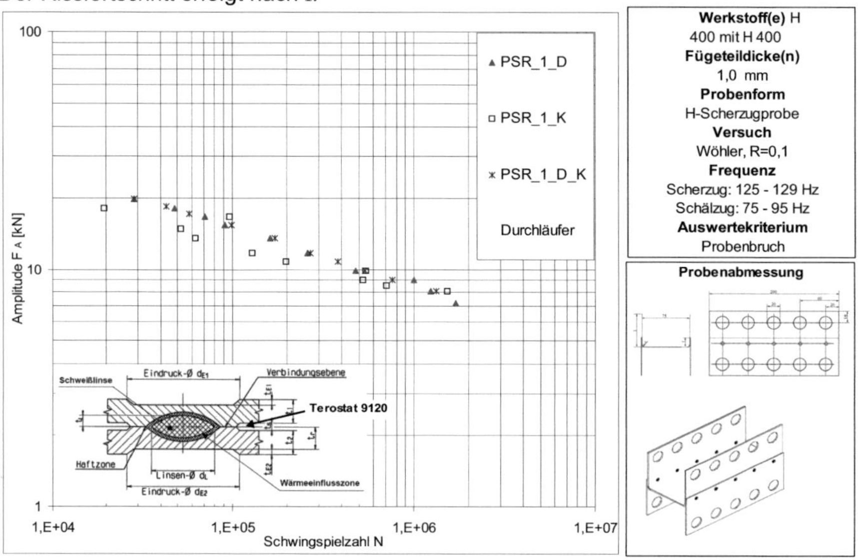

Abb 118 Einfluss von Korrosion auf die zyklische Belastbarkeit beim RP mit und ohne Dichtstoff

5.4.6.1 Einfluss der Probenform bei Zugschwellbelastung

In der Fachliteratur wird bis zum heutigen Zeitpunkt versucht, bauteilähnliche Proben zu erzeugen, die Lastfälle in „realen" Zuständen simulieren sollen. Dabei fehlt oft der Nachweis ob und im welchem Lastfall diese Belastungen überhaupt auftreten. Eine resultierende Probenform zur Untersuchung der Schwingfestigkeit von gefügten Dünnblechproben ist die H-Probe. Diese ist nicht nur sehr kostenaufwendig in der Herstellung, z.B. bei formgehärtetem 22MnB5, sondern auch mit einer bedingten Schweißmöglichkeit belegt. Im Zuge der Entwicklung hochfester Stähle werden Untersuchungsinhalte wie der Einfluss von Elektrodenkräften immer bedeutender. Dazu sind Schweißzangen notwendig, die durch ihre Steifigkeit eine Zugänglichkeit zu den Fügestellen der H-Probe nicht mehr zulassen. Daher wurde noch einmal überprüft, inwieweit die Probenform eine Aussage zur Schwingfestigkeit beeinflusst.
Die Abb 119 zeigt den Einfluss des Fügeverfahrens auf die ertragbaren Lastamplituden an einfach gefügten Überlappproben. Die Differenz der Festigkeiten zwischen beiden Fügeverfahren entspricht den Ergebnissen der H-Probenprüfung.

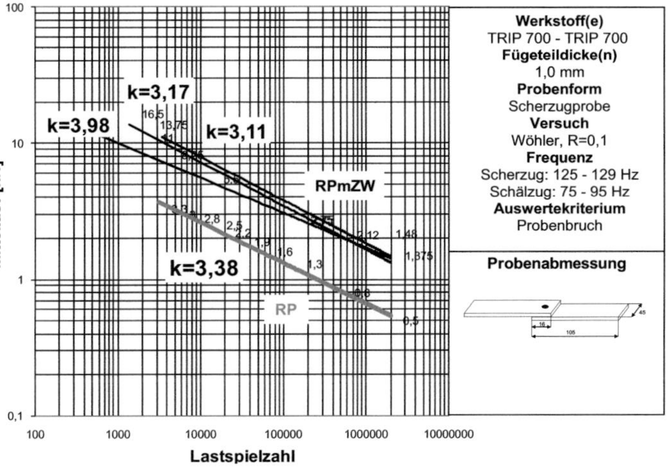

Abb 119 Vergleich der zyklischen Belastbarkeit zwischen RP und RPmZW an Einpunkt-Scherzugproben

In der Abb 120 werden die Probenformen hinsichtlich ihrer Aussage beim RPmZW dargestellt. Die k-Werte beider Probenformen sind nahezu identisch. Es ist eine Parallelverschiebung des Lastniveaus um 80% feststellbar. Für widerstandsgeschweißte Fügeverbindungen ist daher durchaus die einfach überlappte Probe zur Einsparung von Prüfkosten zulässig.

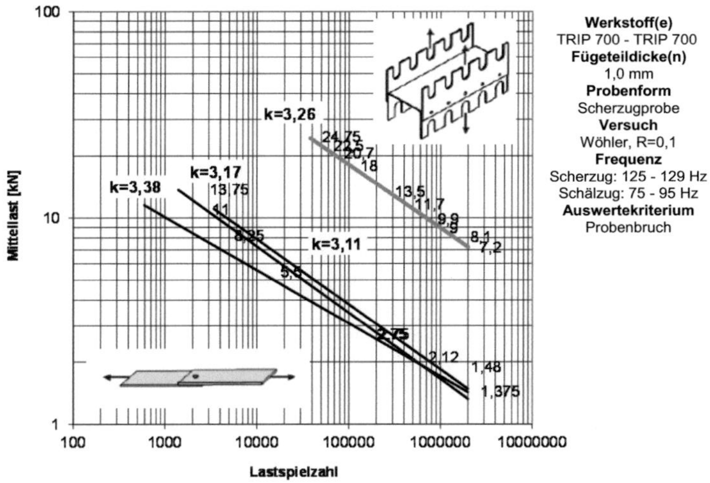

Abb 120 Einfluss der Probenform auf die zyklische Belastbarkeit bei RPmZW

5.4.6.2 Steifigkeitsverläufe

Die Abb 121 und Abb 122 zeigen für beide Verfahren entsprechende Steifigkeitsverläufe (links: hoher Lasthorizont, rechts: niedriger Lasthorizont). Beide Verfahren zeigen die gleiche Charakteristik auf den jeweiligen Lasthorizonten. Die Steifigkeit der Proben des RPmZW ist um Faktor 2 höher als die des Widerstandspunktschweißens. Alle Prüfungen wurden bis zum Probenbruch durchgeführt. Zusätzlich dargestellt ist das Abbruchkriterium nach [70]. Dabei wird eine Probe als „versagt" betrachtet, wenn sie 40% ihrer Anfangssteifigkeit verloren hat. Wird dieses Kriterium angesetzt, so besitzt die Probe des RPmZW zum Zeitpunkt ihres Versagens die Anfangssteifigkeit der punktgeschweißten Verbindung. Diese Aussage besitzt keine technische Relevanz, da der Konstrukteur seine Auslegung entsprechend der Leistungsperformance der Fügeverbindung anpasst. Es unterstreicht aber noch einmal das Potential des Widerstandsschweißens mit Zusatzwerkstoff.

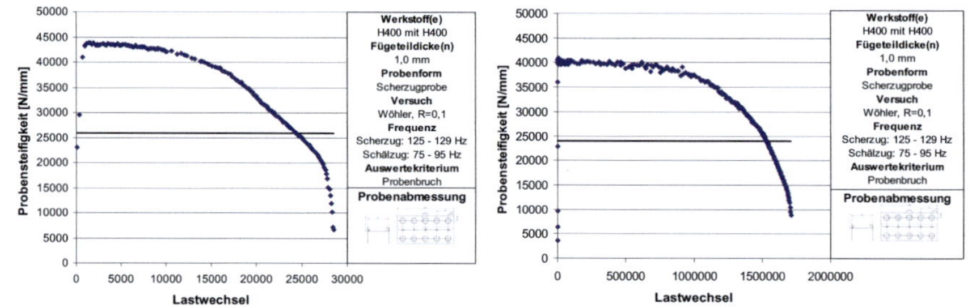

Abb 121 Steifigkeitsverläufe RP bei unterschiedlichen Lasthorizonten

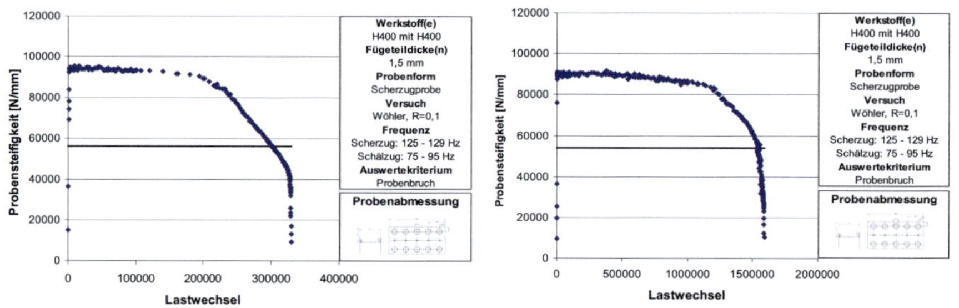

Abb 122 Steifigkeitsverläufe RP bei unterschiedlichen Lasthorizonten

5.4.7 Korrosionseinfluss auf die Festigkeit (schlagartige Belastung)

Das Widerstandspunktschweißen mit Zusatzwerkstoff der Blechpaarung H400 (1,5mm) – H400 (1,5mm) werden mit dem Zusatzwerkstoff SG X 2 CrNi 19 9 ermittelt. Zur Vermeidung von festigkeitsbeeinflussendem Korrosionsangriff auf die Fügeverbindung wurde der Dichtstoff Terostat 9120 eingesetzt. Die aus einer Charge stammenden Proben wurden zwei unterschiedlichen Korrosionstests unterzogen. Dabei ergaben sich folgende Ergebnisse:

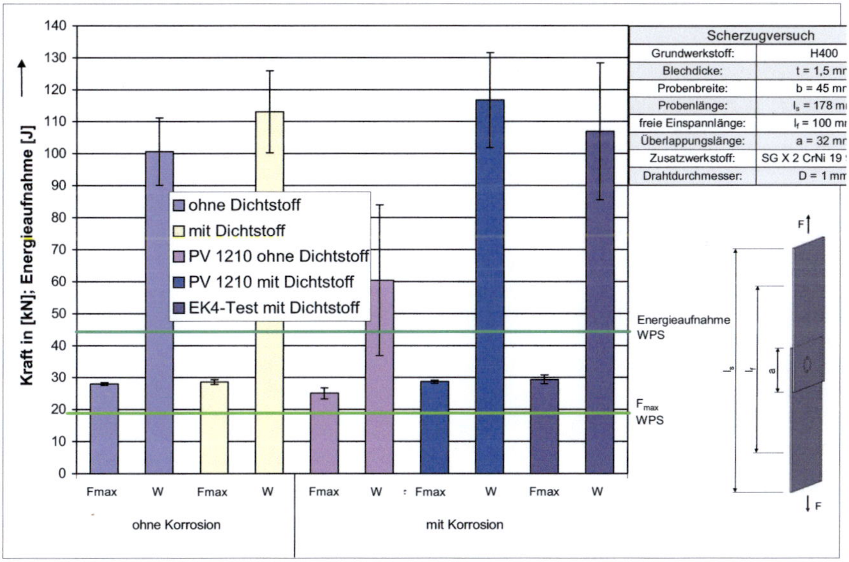

Abb 123 Energieaufnahme und Maximalkräfte bei Scherzugbeanspruchung der Verbindung H400-H400 mit Widerstandspunktschweißen mit Zusatzwerkstoff

Wie in Abb 123 zu sehen, ist der Einfluss von Korrosion auf die Eigenschaften der Fügestelle bei den Verbindungen mit Dichtstoff gering. Lediglich beim Widerstandspunktschweißen mit Zusatzwerkstoff ohne Dichtstoff reduzieren sich die erreichten Bruchkräfte um 3kN. Das Energieaufnahmevermögen dieser Verbindung verringert sich um 40J. Die vorliegende Korrosionsart ist Spaltkorrosion. Die Verwendung von Dichtstoff erhöht die Festigkeit um 1-2kN. Gegenüber dem konventionellen Widerstandspunktschweißen erhöht das Verfahren selbst unter Korrosionseinfluss die Verbindungsfestigkeit um 50%.

Die entstandenen Poren schwächen den Verbindungsquerschnitt, wodurch es unter schlagartiger Scherzugbelastung zum frühzeitigen Abscheren der Verbindung kommt. Daraus ergibt sich ein konstruktiver Hinweis, die Fügestellen so zu legen, dass sie mit dem Dichtstoff nicht in Berührung kommen.

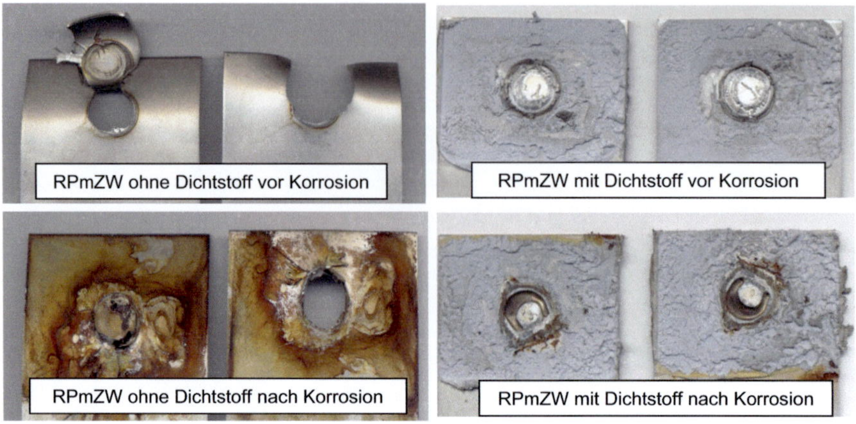

Abb 124 Versagensbilder der Schlagproben ohne und mit Korrosionsbelastung

Die Abb 124 zeigt das Versagen von Proben mit und ohne Dichtstoff jeweils vor und nach Korrosionsbelastung (12 Jahre Simulation). Oben links zeigt eine Schlagprobe ohne Dichtstoff und ohne Korrosionseinfluss. Es kommt unter schlagartiger Scherzugbelastung zum Ausknöpfen der Fügestelle. Die Probe ohne Korrosionseinfluss mit Dichtstoff schert in der Fügeebene ab. Dies ist darauf zurückzuführen, dass der Dichtstoff durch seine eigene Festigkeit ein Übergehen der Probe in den Kopfzug verhindert. Die Korrosion hat keinen Einfluss auf die Verbindungsfestigkeit unter schlagartiger Beanspruchung. Auch hier kommt es ohne Verwendung von Dichtstoff zum Ausknöpfen der Fügestelle .Bei der Probe im unteren rechten Bildabschnitt wurde der Dichtstoff zu nah am Zusatzwerkstoff aufgetragen. Es kam während des Schweißprozesses zum Verdampfen des Dichtstoffes und damit zu starker Porenbildung. Das Energieaufnahmevermögen wird dadurch stark herabgesetzt.

6 Konstruktionsrichtlinie RPmZW

6.1 Auslegung nach Verbindungsfestigkeit

Die Größe der Einlegeelemente und damit die Größe der Verbindungsfläche hat einen entscheidenden Einfluss auf die Verbindungsfestigkeit. Aus fertigungstechnischen Gründen, wie vorgegebene Flanschbreiten, Elektrodendurchmesser und Leistungsparameter der Fertigungseinrichtungen ist es nicht immer möglich die Verbindungsfläche soweit zu vergrößern, dass Grundwerkstoffeigenschaften erreicht werden. Mit dem hier untersuchten Verfahren wäre diese Möglichkeit gegeben. Aus diesem Grund wird in Zukunft vor der Anwendung dieses Verfahrens immer eine bauteilbezogene Optimierung stattfinden müssen, deren Hauptziel die maximale Ausnutzung der Grundwerkstoffeigenschaften sein muss. Um eine Entscheidungsgrundlage mit realen Werten zu erleichtern, Zusammenhänge darzustellen und Potentiale wissenschaftlich zu hinterlegen, wurden umfangreiche FEM-Simulationen der Fügestelleneigenschaften vorgenommen. Anhand von Scherzugversuchen wurde dabei zusätzlich überprüft, inwieweit die Simulationsergebnisse mit den realen Ergebnissen korrelieren. Für die Simulation wurde das FEM-Tool der Konstruktionssoftware Catia verwendet. Damit ist es nur möglich, entlang der Hookschen Gerade ($\sigma = E \cdot \varepsilon$) im linear-elastischen Bereich zu rechnen. Zur besseren Vergleichbarkeit wurde bei den Scherzugproben die Kraft ermittelt, bei der die Probe noch keine plastischen Verformungen aufweist.

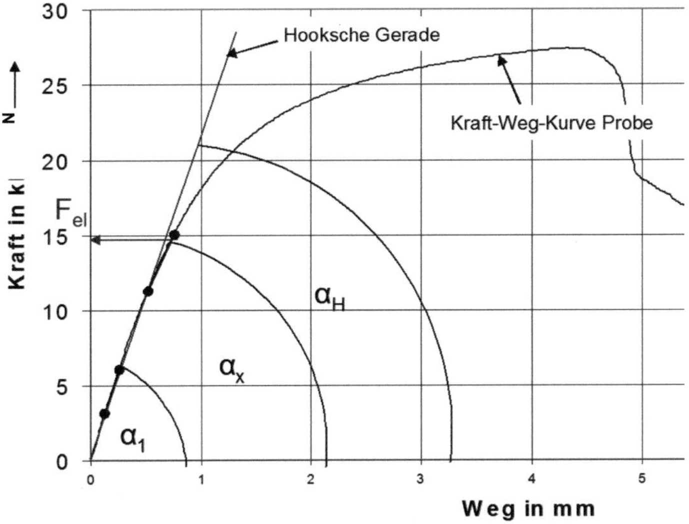

F_{el} bestimmt bei Abweichung α_x zu $\alpha_H \leq 1\%$

Abb 125 Vorgehensweise zur Bestimmung der Kraft bei der noch keine plastischen Verformungen auftreten

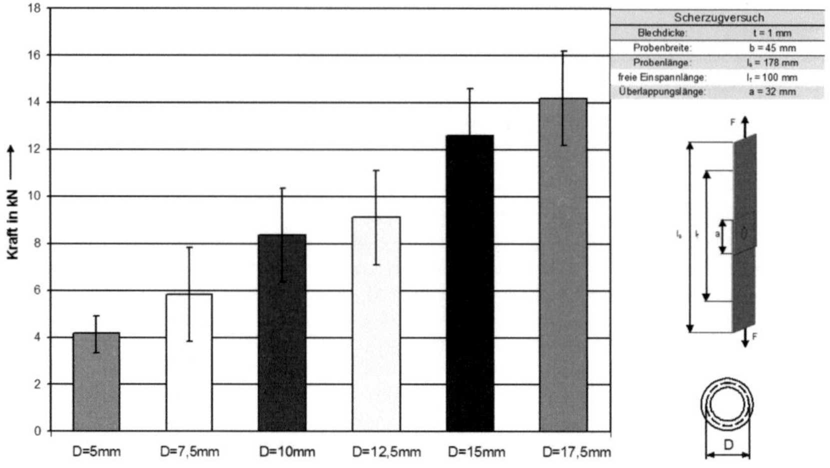

Abb 126 Maximalkräfte im Scherzugversuch, bei denen keine plastische Verformung der Fügeprobe auftritt in Abhängigkeit von der Geometrie der Einlegeelemente (Ring)

Die beim Scherzugversuch gemessenen Maximalkräfte im elastischen Bereich nehmen mit steigendem Ringdurchmesser zu. Diese Tendenz ist auf die erhöhte Anbindungsfläche zurückzuführen. Die weitere Vergrößerung des Ringdurchmessers würde auch einen weiteren Anstieg der ertragbaren Belastung nach sich ziehen. Ein ähnliches Bild zeigt sich bei der Betrachtung der maximalen Bruchkräfte.

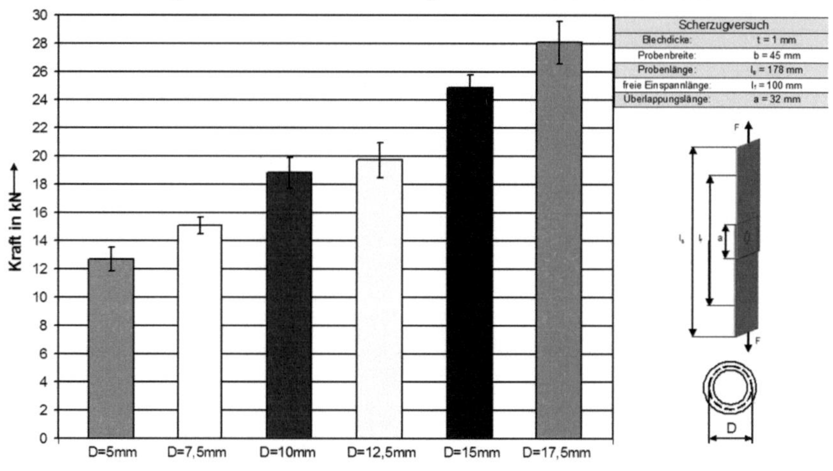

Abb 127 Bruchkräfte im Scherzugversuch in Abhängigkeit von der Geometrie der Einlegeelemente

Allerdings ist hier die maximal erreichbare Bruchkraft begrenzt durch das Versagen des Grundwerkstoffes. Voraussetzung dafür sind gleich bleibende

Probenabmessungen. Ein Probenversagen tritt bei den im Diagramm dargestellten Abmaßen bei einem Ringdurchmesser von D=18mm ein.

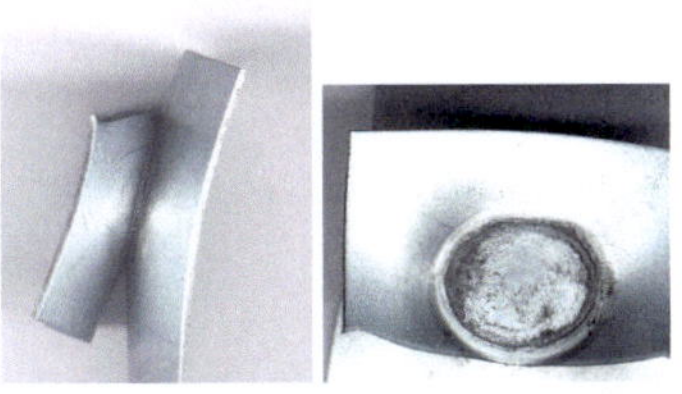

Abb 128 Probenversagen bei Ringdurchmesser von 18mm

Aufgrund der Elektrodengröße und des benötigten Schweißstromes wurde die Untersuchung jedoch bei einem Ringdurchmesser von D = 17,5 mm abgebrochen,

Um den Einfluss der Gestalt der Verbindungsflächenform zu ermitteln, wurden umfangreiche Untersuchungen durchgeführt. Hintergrund ist die Abweichung von der runden Idealform zu einer Form, die eine Reduzierung der Überlapplänge bei ähnlichen Festigkeitseigenschaften ermöglicht. Der Vorteil der runden Verbindungsfläche ist, dass sie gleiche Festigkeiten unabhängig von der Belastungsrichtung erwarten lässt.

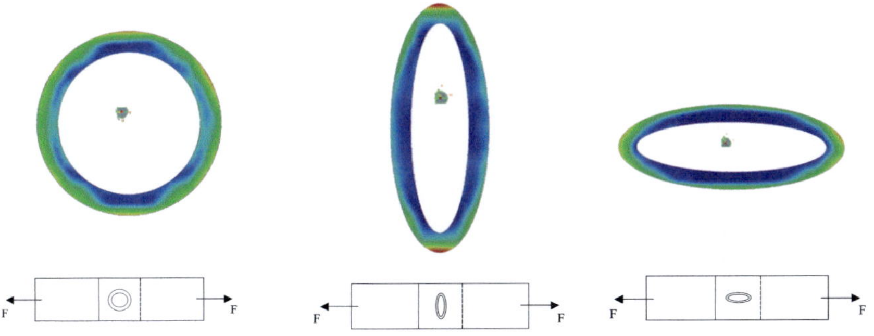

Abb 129 Spannungsverteilungen in der Schnittebene bei unterschiedlichen Zusatzwerkstoffgeometrien

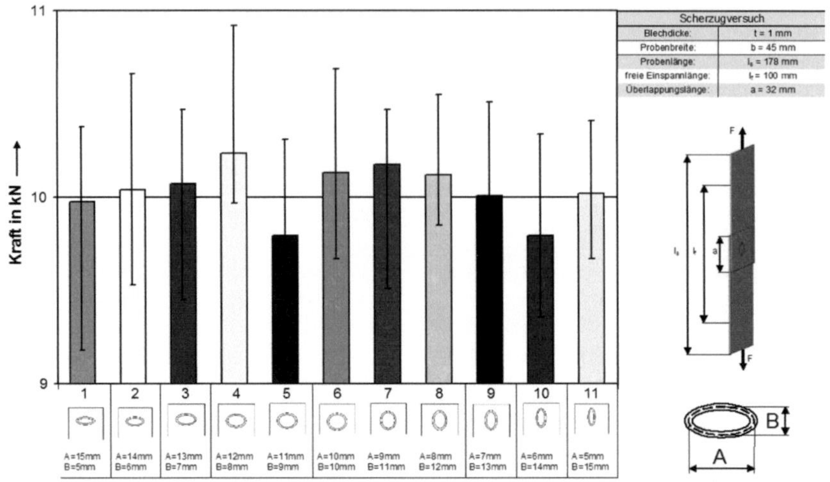

Abb 130 Maximalkräfte im Scherzugversuch, bei denen keine plastische Verformung der Fügeprobe auftritt in Abhängigkeit von der Geometrie der Einlegeelemente (Ellipse)

Bei den Scherzugversuchen an den ellipsenförmigen Einlegeelementen ergibt sich in Abhängigkeit von der Geometrie des Zusatzwerkstoffes ein ungleichmäßiger Spannungsverlauf. Die Spannungsabweichungen zwischen den einzelnen Ellipsen sind jedoch nur gering aufgrund der gleichen Anbindungsflächen. Laut Simulation weist der Ring die höchste Zugkraft auf. Bei den Ergebnissen des Scherzugversuches kommt es jedoch zu Abweichungen, die auf Fertigungstoleranzen bei der Herstellung der Einlegeelemente zurückzuführen sind.
Zusammenfassend lässt sich sagen, dass sich selbst bei reduzierten Flanschbreiten, die Geometrie des Zusatzwerkstoffs ohne nennenswerte Festigkeitseinbußen anpassen lässt. Dies deckt sich mit den Erkenntnissen aus [43] und zeigt die Flexibilität des Verfahrens. Ein ähnliches Bild zeigt sich bei der Betrachtung der Bruchkräfte.

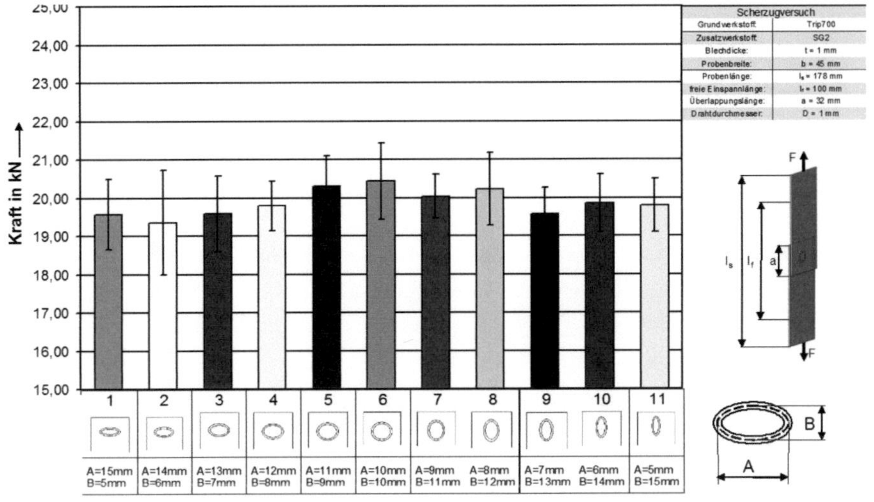

Abb 131 Bruchkräfte in Abhängigkeit von der Geometrie der Einlegeelemente

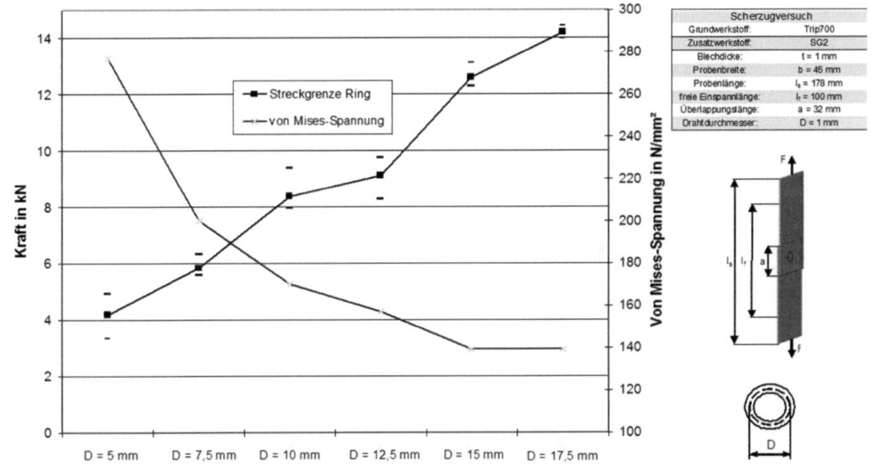

Abb 132 Vergleich der simulierten Spannung nach Mises mit den im Scherzugversuch ermittelten Maximalkräften, bei denen keine plastische Verformung der Fügeprobe auftritt, Zusatzwerkstoffgeometrie (Ring)

In Abb 132 sind die Simulations- und Versuchsergebnisse gegenübergestellt. Es ist zu erkennen, dass sich mit geringer werdender Spannung das Kraftniveau erhöht, bei dem die Probe anfängt zu fließen. Simulation und Versuch geben eindeutig wieder, dass von den untersuchten Ringgrößen das Element mit einem Durchmesser von D = 17,5 mm das günstigste Spannungsverhältnis und die größte Festigkeit aufweist. Aus fertigungstechnischer Sicht ist jedoch der Ring mit einem Durchmesser

von 10 mm zielführend. Bei größeren Ringen müssen größere Elektroden (Sonderelektroden) verwendet und damit auch größere Flanschbreiten realisiert werden.
Gegenüber einem konventionellen Schweißpunktsteigert sich das Kraftniveau, bei dem noch keine plastischen Deformationen auftreten, bis zum Durchmesser D = 17,5 mm um ca. 350%. Diese Erkenntnis ist wesentlich für die Dimensionierung und Auslegung der Karosseriestruktur. Dem Konstrukteur kann somit überlassen werden, ob er die Anzahl der Schweißpunkte und damit den Fertigungsaufwand reduziert oder die Produkteigenschaften verbessert.

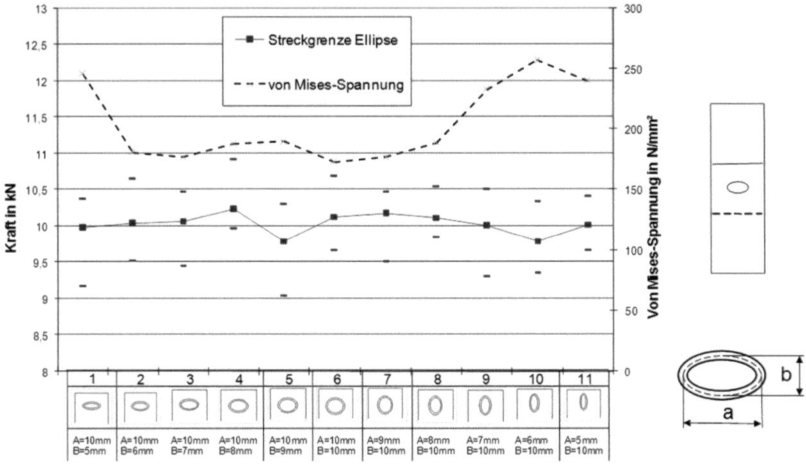

Abb 133 Vergleich der simulierten Spannung nach Mises mit den im Scherzugversuch ermittelten Maximalkräften, bei denen keine plastische Verformung der Fügeprobe auftritt, Zusatzwerkstoffgeometrie (Ring)

In Abb 133 ist zu erkennen, dass der Ring die Geometrie mit der geringsten von Mises-Spannung und damit auch dem höchsten Kraftniveau darstellt. Die simulierten Vergleichsspannungen korrelieren mit den im Experiment bestimmten Kräften. Geringe Abweichungen kommen aufgrund von Fertigungstoleranzen bei der Herstellung der Einlegeelemente zustande. Die Ellipse weist zwar ein geringeres Kraftniveau auf, ist aber nachweislich zur Reduzierung der Flanschbreiten gut geeignet.

6.2 Fertigungstechnische Auslegung

Nach [12] ergeben sich für die hier untersuchten Blechdicken (1mm; 1,5mm) folgende Randbedingungen:

6.2.1 Toleranzen

$T_{gesamt} = T_a + T_R + T_K + T_V$

T_a: Beschnitttoleranz
T_R: Allgemeine Rohbautoleranz

T_K: konstruktiver Toleranzausgleich
T_V: Vorrichtungstoleranz
T_{gesamt} = 1mm + 0,4mm + 2mm + 0,4mm
T_{gesamt} =3,8mm ≈ 4mm

Die eingesetzten Werte sind aus [12] entnommen. Bei einem Maximaldurchmesser der Standardelektrodenkappe vom Typ C20×22 ergibt sich ein maximal fügbarer Ringdurchmesser von D=10mm.

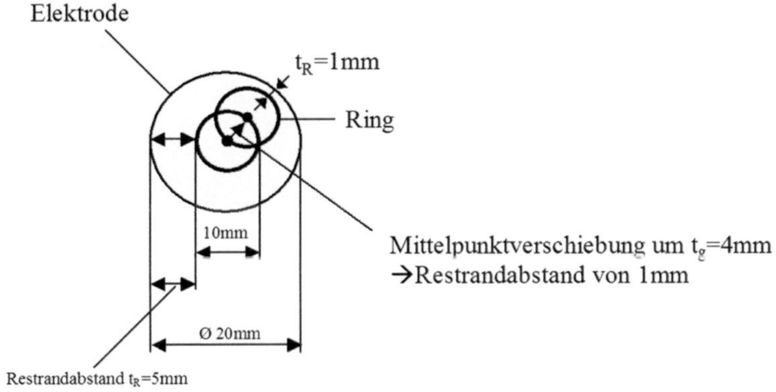

Abb 134 Toleranz in Bezug auf Zusatzwerkstoff – Elektrode

6.2.2 Maße des Fügeflansches

Ein konventioneller Schweißpunkt mit einem Durchmesser von D=5mm setzt bei einer Vergleichsblechdicke von t_V=2mm und einem Elektrodendurchmesser von D=16mm laut [12] einen Randabstand (Punktrand zu Blechaußenkante) von r=1 mm voraus. Es ergibt sich beim konventionellen Punktschweißen damit eine Flanschbreite in Abhängigkeit des Punktdurchmessers, der wiederum von der Blechdicke abhängig ist. Hinzu kommt die Mindestanforderung hinsichtlich Randabstand und Fertigungstoleranzen.

Da beim RPmZW der Verbindungsdurchmesser unabhängig der Blechdicke gewählt bzw. auch eine längliche Geometrie gestaltet werden kann, ergibt sich eine vereinfachte Flanschauslegung unter Berücksichtigung der Zusatzwerkstoffabmessung, Mindestrandabstand von einem Millimeter und der Fertigungstoleranz.

7 Qualitätssicherung und Prüfnorm

Eine Voraussetzung für die Einführung neuer Fügetechniken ist die serienbegleitende Prüfbarkeit der Fügestelleneigenschaften. Die Qualitätssicherung bedient sich im gesetzlich geregelten Bereich der festgelegten Grenzwerte aus öffentlich zugänglichen Normen und Regelwerken. Im Bereich der Produkthaftung obliegt die Festlegung von Grenzwerten dem Hersteller. Grenzwerte, insbesondere für neue Fügeverfahren und deren Anwendung in der Gesamtkonstruktion, werden durch eine Vielzahl von Labor- und Fahrzeugversuchen ermittelt. Zur Absicherung einer Fügetechnik in einer Serienfertigung muss zwangsläufig ein Prüfkonzept erarbeitet sein, dass die Vorschriften des Gesetzgebers hinsichtlich der Produkthaftung erfüllt. Da nicht jedes Bauteil einer Prüfung unterzogen werden kann, wird der Hersteller nur Verfahren höchster Prozesssicherheit einsetzen. Aufgabe der Qualitätssicherung ist es, diese Prozesssicherheit durch Stichproben zu überprüfen. Dazu werden unterschiedlichste Prüftechniken in festgelegten Prüfzyklen eingesetzt. Die Gesamtheit aller Prüfungen wird als Prüfkonzept bezeichnet. Folgende Prüftechniken werden im Karosseriebau für Fügeverbindungen eingesetzt:

1. zerstörende Prüfungen (Meißel- und Abrollprüfung, Scher-, Schäl-und Kopfzugprüfung, Metallographie)
2. zerstörungsfreie Prüfungen (Ultraschallprüfung, Thermographie, Computertomographie)

Nicht jede Prüfmethode kann über alle Merkmale einer Fügeverbindung eine bewertbare Aussage liefern. Die Eigenschaften einer Fügeverbindung werden daher in unterschiedliche Merkmale unterteilt:

- äußere Merkmale durch visuelle Beurteilung
- innere Merkmale durch zerstörungsfreie Prüfung (z.B. Ultraschallprüfung)
- innere Merkmale durch zerstörende Prüfung (z.B. Metallographie)
- Merkmale der zerstörenden Prüfung (z.B. Zugversuche, Meißelprüfung):

Bei bekannten Verfahren, die auch im gesetzlich geregelten Bereich eingesetzt werden, orientiert sich der Hersteller an den Merkmalen aus öffentlichen Normen und Regelwerken, die durch zusätzliche Erweiterungen ergänzt werden. Für das Widerstandsschweißen mit Zusatzwerkstoff, als neue Verfahrensvariante des Widerstandspressschweißens, wurden folgende Qualitätsmerkmale erarbeitet.

7.1 Äußere Merkmale (visuelle, zerstörungsfreie Beurteilung)

Die Beurteilung dieser Merkmale erfolgt einmal pro Schicht durch eingewiesenes Anlagenpersonal. Bei auftretenden Abweichungen kann unmittelbar reagiert werden. Es erfolgt ein sofortiger Anlagenstopp mit anschließenden Korrekturmaßnahmen. Diese Überprüfung stellt damit den kürzesten Qualitätsregelkreis in einer Fertigung sicher.

Tabelle 12 äußere Qualitätsmerkmale RPmZW

Nummer	Merkmal	Darstellung	Toleranzbereich für i.O-Beurteilung	Prüfung
	Äußere Merkmale			
1	Punkt vorhanden	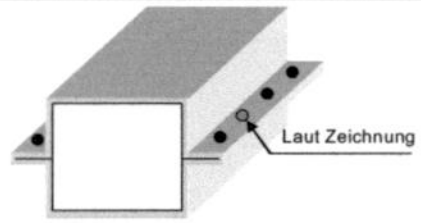	vorhanden	Visuelle Beurteilung ohne Hilfsmittel
2	Position	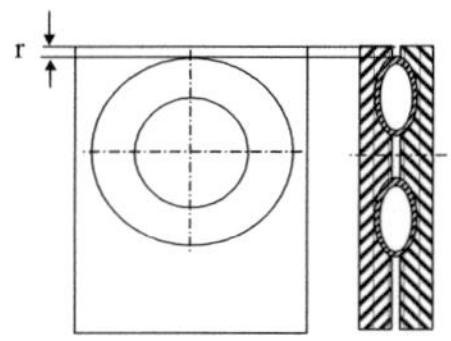	Rand-/Radius-abstand = 1mm	Visuelle Beurteilung ohne Hilfsmittel
3		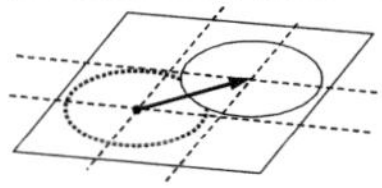	Abweichung vom Koordinatennetz = 2 mm	Visuelle Beurteilung ohne Hilfsmittel
4	sichtbare Risse innerhalb und außerhalb der Verbindung	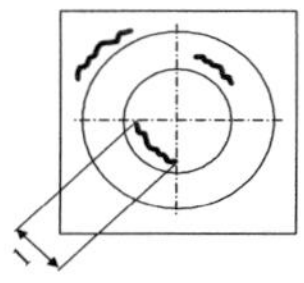	l < 0,5 x Dzw	Visuelle Beurteilung; Maßstab
5	Schweißspritzer	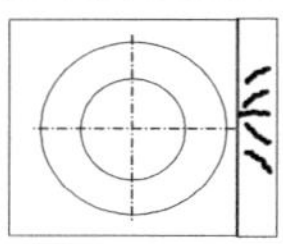	zulässig wenn nicht anders gefordert	Visuelle Beurteilung ohne Hilfsmittel

7.2 Innere Merkmale

Die Überprüfung der inneren Merkmale erfolgt gesetzeskonform einem Prüfzyklus, dass bei negativem Befund, das Produkt identifiziert und nachgearbeitet werden kann. Weiterhin können alle Produkte, die im Zeitraum zwischen Befund und aktuellem Stand gefertigt wurden, überprüft werden. Der Prüfzyklus ergibt sich daher aus der Durchlaufzeit eines Produktes in der Fertigung. Damit wird sichergestellt, dass kein fehlerhaftes Produkt die Fertigung verlässt. Die Festlegung der inneren Merkmale erfolgte entsprechend den Erkenntnissen aus den Festigkeitsversuchen.

Tabelle 13 innere Qualitätsmerkmale RPmZW

Nummer	Merkmal	Darstellung	Toleranzbereich für i.O-Beurteilung	Prüfung
	Innere Merkmale			
0	Ausgangszustand	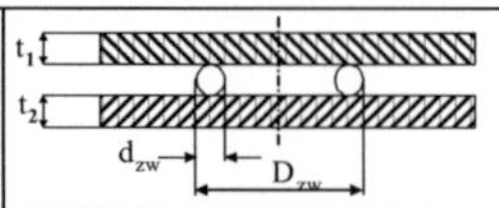	t1;t2 -Einzelblechdicken dzw - Drahtdurchm. Dzw - Zusatzwerkstoffdurchm.	
1	Linsendurchmesser	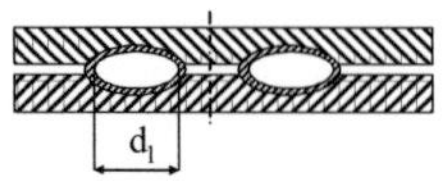	dl > dl_{min} dlmin=1,2 x dzw	Metallografie; Ultraschall; Durchstrahlung
2	Gesamtdurchmesser	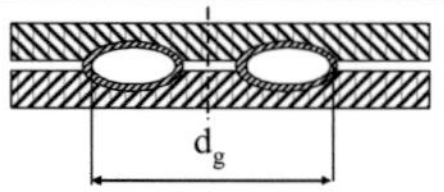	dg > dg_{min} dgmin=1,2 x Dzw	Metallografie; Ultraschall; Durchstrahlung
3	Linseneindringtiefe	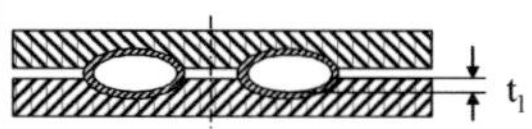	t_l > 0,2mm	Metallografie
4	Porendurchmesser	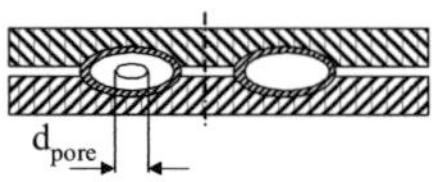	dpore< 0,5 x dl	Metallografie; Ultraschall; Durchstrahlung
5	Riss in der Fügeebene; außerhalb der Verbindung	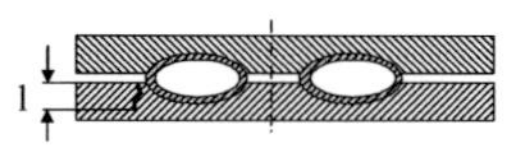	n.i.O.	Metallografie; Durchstrahlung
6	Riss in und außerhalb der Fügeebene; innerhalb der Verbindung	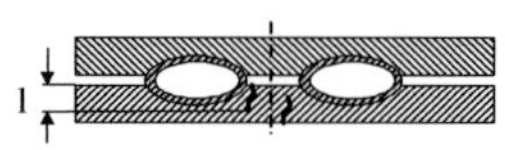	l < 0,5 x tmin	Metallografie; Durchstrahlung
7	Riss außerhalb der Fügeebene; außerhalb der Verbindung	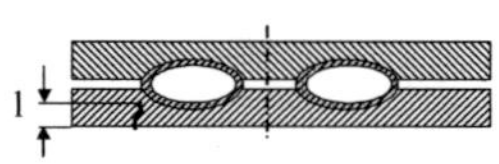	l < 0,5 x tmin	Metallografie; Durchstrahlung
8	Bindefehler	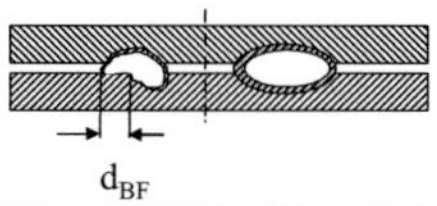	d_{BF} < 0,2 x dlmin	Metallografie

7.3 Merkmale zerstörender Festigkeitsprüfung

Die zerstörenden, serienbegleitenden Prüfverfahren lassen sich in zwei Gruppen unterteilen. Die manuelle Meißel-, Schäl- und Abrollprüfung wird, sofern nicht durch Ultraschallprüfung ersetzbar, einmal pro Schicht je Bauteil durchgeführt. Als Ergebnis lässt sich lediglich der Punktdurchmesser und die Bruchfläche quantifizieren. Die Scher-, Schäl- und Kopfzugprüfung wird in einem der Durchlaufzeit entsprechendem Prüfzyklus durchgeführt. Hier lässt sich zusätzlich zum Punktdurchmesser und der

Bewertung der Bruchfläche ein Festigkeitswert heranziehen. Die zu erfüllenden Kriterien sind der folgenden Tabelle zu entnehmen.

Tabelle 14 Qualitätsmerkmale der zerstörenden Festigkeitsprüfmethoden

Nummer	Merkmal	Darstellung	Toleranzbereich für i.O-Beurteilung	Prüfung
	Merkmale Scher-, Schäl-, Kopfzug-, Meißel- und Abrollprüfung			
1	Ausknöpfbruch	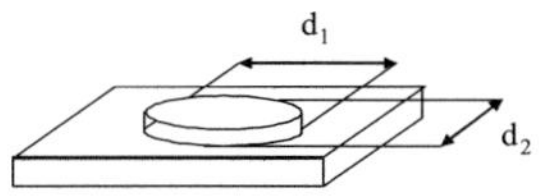	$d_p = (d1+d2)/2$ $dp > dpmin$ $dpmin = 1,1 \times dgmin$	Meißel- bzw. Abrollprüfung; Scher-, Schäl- und Kopfzugprüfung
2	Bruch in der Fügeebene	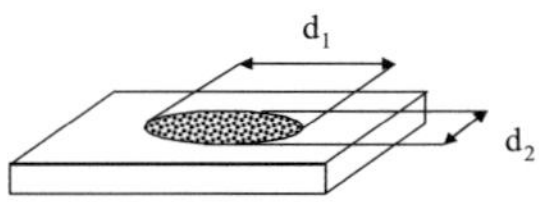	100% der Fläche kristallin u. $d_p > d_{pmin}$	Meißel- bzw. Abrollprüfung; Scher-, Schäl- und Kopfzugprüfung
3	Mischbruch	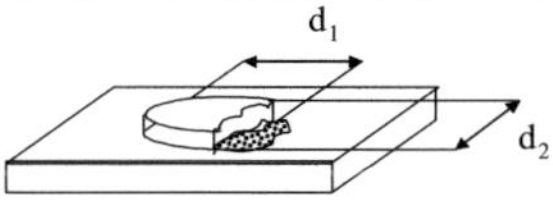	$d_p > d_{pmin}$ (Anteil - Bruch in der Fügeebene muss kristallin sein)	Meißel- bzw. Abrollprüfung; Scher-, Schäl- und Kopfzugprüfung

7.4 Thermographie als zerstörungsfreie Prüftechnik

Jeder Hersteller versucht Prüfschrott zu vermeiden und möglichst zerstörungsfreie Prüftechniken zur Serienabsicherung einzusetzen. In der Widerstandsschweißtechnik besteht vor allem das Ziel, eine schnelle und belastbare Aussage über den Punktdurchmesser zu erhalten. Problematisch ist bis heute die Unterscheidung zwischen einer Verlötung der Zinkbeschichtung und einer punktförmigen Schweißverbindung. Bei vielen Versuchen hat sich gezeigt, dass die heute am weitesten verbreitete Ultraschalltechnik nicht in der Lage ist, diese Grenze eindeutig zu ermitteln. Ursache ist die nahezu gleiche Ausbreitungsgeschwindigkeit der Ultraschallwellen in Zink und Eisen. Hersteller von Thermokameras proklamieren ihren Ansatz als einfache bildgebende Technik zur serienbegleitenden Güteprüfung. Das Widerstandsschweißen mit ringförmigen Zusatzwerkstoff besitzt im Inneren Areale die nicht verbunden sind. Es besteht dadurch die Möglichkeit, auf einfache Weise „Schweißfehler" zu erzeugen und die Aussagefähigkeit der Thermographie zu überprüfen

Die Anregung der Proben erfolgte mit einer Halogen-Blitzlampe, die die Probe um maximal 10°C gegenüber der Umgebungstemperatur erwärmt. Mittels einer Infrarot-Kamera (CMT 384 M) wurden Thermobilder der Proben aufgenommen. Die Kamera besitzt folgende Eigenschaften:

- 384 × 288 Pixel Detektor-Matrix
- Spektralbereich: 3,4 – 5 µm
- Max. Vollbild-Frequenz: 150 Hz
- NETD: < 20 mK
- Frei programmierbarer Teilbildmodus
- Max. Teilbild-Frequenz: > 5 kHz
- Vollbild-Frequenz: 130 Hz (bei T_{int} = 1ms) / 150 Hz (bei T_{int} = 1µs)

Abb 135 Infrarot-Kamera CMT 384 M

Für die thermographischen Untersuchungen wurden zwei Verfahrensvarianten der Lock-in-Thermographie gewählt. Es handelt sich dabei um die Bestrahlungs- und die Durchstrahlungsprüfung. Der Versuchsaufbau ist in den folgenden Bildern dargestellt.

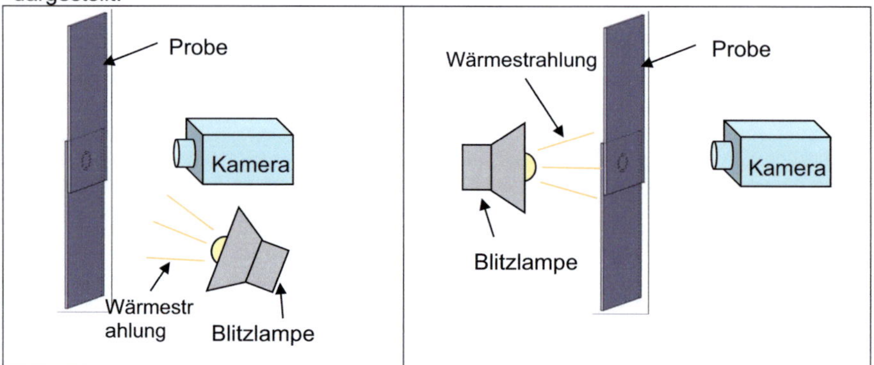

Bestrahlungsprüfung	Durchstrahlungsprüfung

Abb 136 Versuchsaufbau Thermographie

Ziel der Untersuchung war es, herauszufinden ob die Thermographie als zerstörungsfreies Prüfverfahren für das Widerstandspunktschweißen geeignet ist. Dazu wurden Proben mit unterschiedlichen Parametern geschweißt. Die thermographische Untersuchung wurde zusammen mit dem Hersteller durchgeführt. Es wurde die Methode der Differenzmessung angewendet, mit der Fehlstellen in der Schweißverbindung sichtbar gemacht werden sollten. Um Oberflächeneffekte auszuschließen wurden alle Proben geschwärzt (ε=1 schwarzer Strahler).

	Probe1 Klebschweißung	Probe2 In Ordnung	Probe3 Spritzer und Poren
Vorderseite (beschriftet)/ Auflicht	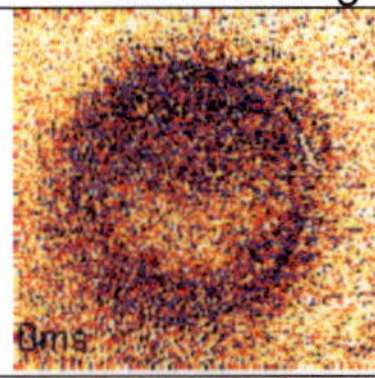	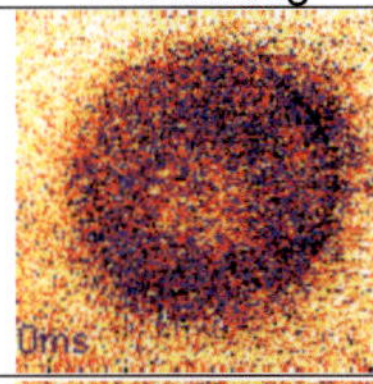	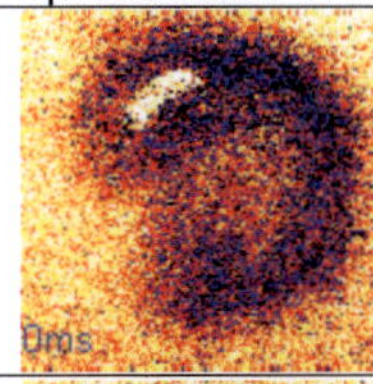
Rückseite (unbeschriftet)/ Auflicht	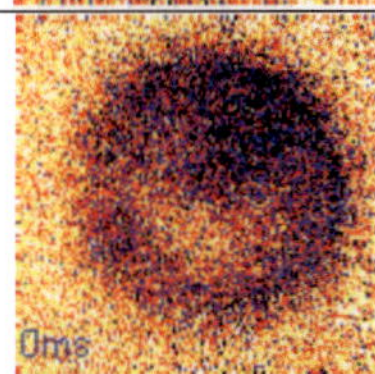	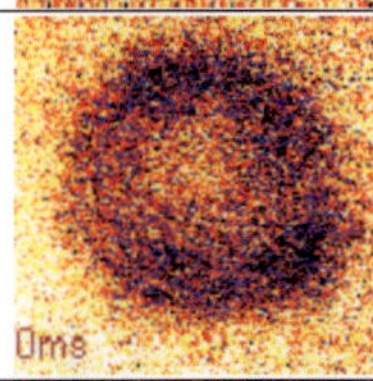	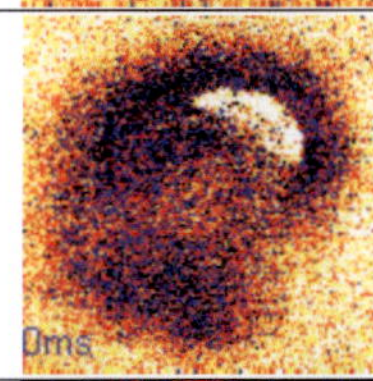
Vorderseite (beschriftet)/ Durchlicht	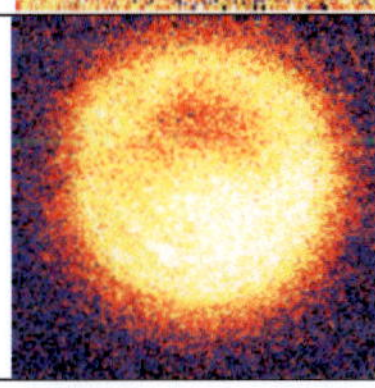	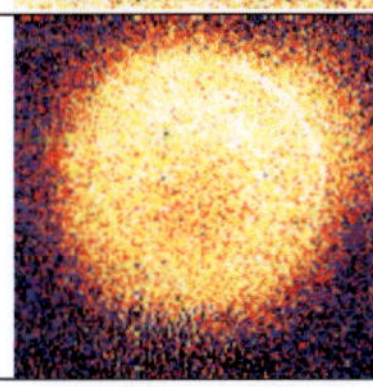	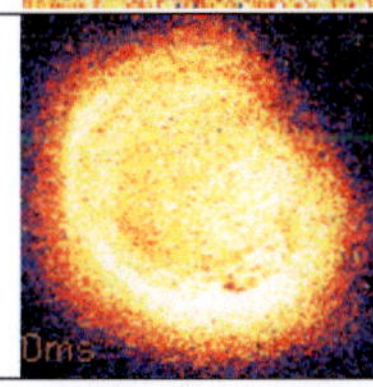
Oberflächenbilder	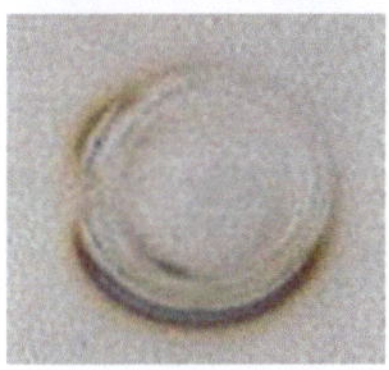		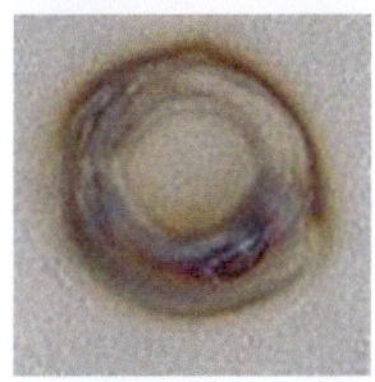
Schliffbilder	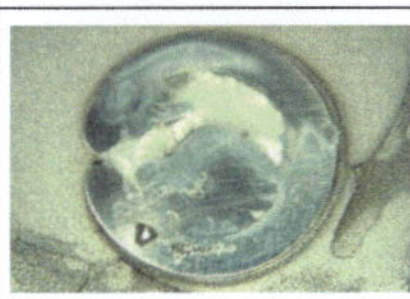	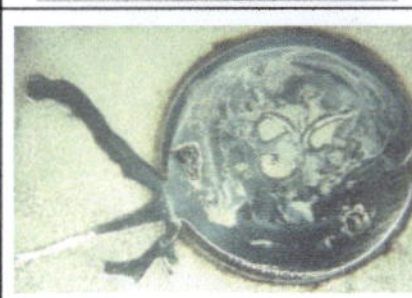	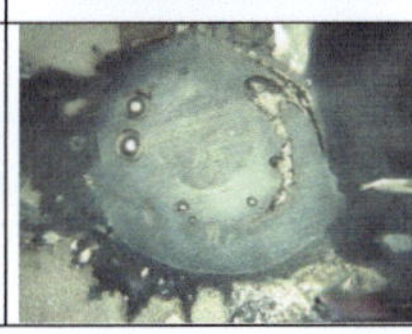

Abb 137 Ergebnisse der Thermographieuntersuchung

Die thermographische Untersuchung hat ergeben, dass die Thermographiebilder nicht die tatsächliche Struktur der Fügestelle aus den Schliffbildern wiedergeben. Die in den Schliffen vorhandenen Poren und Schweißspritzer konnten mit Hilfe der Thermographie nicht sichtbar gemacht werden. Lediglich die Größe der Schweißpunkte ist aus den Bildern ersichtlich. Zum derzeitigen Stand der Technik konnte festgestellt werden, dass die Thermographie zur Detektierung von Ungänzen beim Widerstandspunktschweißen mit Zusatzwerkstoff nicht geeignet ist. Eine Unterscheidung zwischen Zinklötung und Verschweißung ist nicht möglich.

8 Anwendung auf Aluminium und Stahl-/Aluminium-Mischverbindungen

Zur Reduzierung des Karosseriegewichtes werden heute partiell Aluminiumbauteile in Stahlkarosserien eingesetzt. Dadurch kommt es zu Fügestellen zwischen Stahl und Aluminium. Klassisch kommen hierbei mechanische Fügetechniken wie Clinchen oder Stanznieten zum Einsatz. Nachteilig an diesen umformtechnischen Verfahren sind die hohen Fügekräfte (bis 50 kN), hohe Genauigkeitsanforderungen und die Geometriebeschränktheit durch die C-förmigen Zangenwerkzeuge. Die mechanischen Fügezangen sind zusätzlich um ein vielfaches schwerer als Schweißzangen. Die Anwendung klassischer Widerstandsschweißzangen zum Fügen von Stahl-Aluminium-Verbindungen ermöglicht größere konstruktive Freiräume bei gleichzeitiger Beibehaltung vorhandener Rohbautechnologie und weltweiten Anlagen know-hows. Zur Vermeidung von spröden Fe-Al-Phasen und damit im Karosseriebau kaum anwendbaren Verbindungen sind Zwischenschichten (Lote) erforderlich. Daher werden auch neue Möglichkeiten der Lotaufbringung betrachtet.

In Anlehnung an die Arbeiten in [4] soll die Anwendbarkeit des Widerstandsschweißens mit Zusatzwerkstoff auf Aluminium-Stahl-Mischverbindungen untersucht werden. Ziel dabei ist, den Prozess frei von korrosionsfördernden Flussmitteln zu halten.

Im Gegensatz zu den Verfahrensabläufen in den vorangegangenen Kapiteln handelt es sich hierbei um das Verbinden von Werkstoffen mit stark unterschiedlichen chemisch-/physikalischen Eigenschaften. In [6] wurden dazu 2 Varianten untersucht. Das direkte Punktschweißen unter Ausnutzung der Zinkschicht zur Verbindungsbildung. Sowie ein Verfahren mit Al-St-Einlegeelementen, die mittels Sprengplattieren hergestellt wurden. In [6] konnten mit dem direkten Verfahren technisch nur begrenzt nutzbare Verbindungen erzeugt werden, da es beim Prozess entweder zu Verlötungen der Zinkschicht auf dem Stahl mit dem Aluminiumgrundwerkstoff und / oder zur Bildung intermetallischer Phasen kommt. Letztere zeichnen sich nach dem Schrifttum in [6] und [95] durch hohe Härten und geringe Bruchdehnungen aus. Dies führt unter Beanspruchung zu einem makroskopisch spröden Versagen. Bei der Verwendung von sprengplattierten Einlegeelementen kommt es stahl- bzw. aluminiumseitig zu Schweißverbindungen mit technisch verwendbaren Eigenschaften auf dem Festigkeitsniveau einer Aluminiumpunktschweißung. Dabei wird ein erheblicher Nachteil ausgewiesen, dass eine Applikationstechnik, um eine Transport- bzw. Handlingsfestigkeit zu erzielen, nicht verfügbar bzw. entwickelt ist.
Die zu überwindenden Hauptschwierigkeiten sind die Benetzung der oxidschichtbehafteten Aluminiumgrundwerkstoffoberfläche durch den Lotwerkstoff sowie die Ausbildung einer tragfähigen Lötverbindung. Die folgenden Ausführungen sollen eine Lösungsvariante darstellen, bei der die oben beschriebenen Nachteile vermieden werden.

8.1 Verwendete Zusatzwerkstoffe

Die in heutigen Fahrzeugkonstruktionen verwendeten Aluminiumlegierungen wurden bereits in Kapitel 2 näher beschrieben. Die Aufgabe besteht beim Fügen durch Widerstandspressschweißprozesse von Aluminiumlegierungen mit verzinktem Stahlblech darin, Lotwerkstoffe zu finden, die zwei Funktionen erfüllen:

- prozess- und transportsicher Applizierbarkeit auf dem Aluminiumgrundwerkstoff
- stoffschlüssiges Verbinden mit Aluminium sowie mit verzinktem Stahl

Da für diese Anwendung kein Stand der Technik ermittelt werden konnte, wurde sich an Literatur für Lichtbogenverfahren bzw. auf eigene Forschungsergebnisse aus früheren Arbeiten orientiert.

Aus der Abb 138 geht hervor, dass sich Lotwerkstoffe auf Zink- bzw. Zinnbasis zum flußmittelfreien Löten eignen würden. Dies liegt hauptsächlich an der großen Differenz der Schmelztemperaturen von Lot und Grundwerkstoff, wodurch die Gefahr der Anschmelzungen des Grundwerkstoffs gering ist. Die Differenz sollte mindestens 50K betragen.

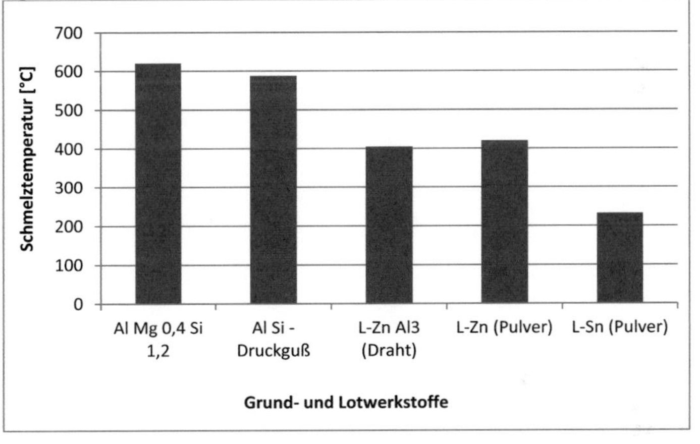

Abb 138 Vergleich der maximalen Schmelztemperaturen der ausgewählten Lotwerkstoffe

In [98] wurde beschrieben, dass die geringste Anschmelzung des Grundwerkstoffs bei Verwendung des Weichlotes L-ZnAl3 auftrat. Bei der Anwendung der dort dargestellten Hartlote wurde der Grundwerkstoff in erheblichem Maße angeschmolzen, so dass oft nur die Bewertungsgruppe DL (Schwächung der Nennwanddicke < 20%) laut DIN 32515 erreicht werden konnte.

Aus diesem Grund wurden für den zweistufigen Prozess die Lotwerkstoffe L-ZnAl3 (Draht), L-Zn (Pulver) und L-Sn (Pulver) ausgewählt.

L-ZnAl3

Tabelle 15 Chemische Zusammensetzung von L-ZnAl3

	Zusammensetzung [%]				$T_{Schmelz}$ [°C]	
	Zn	Sn	Cd	Andere	T_{So}	T_{Li}
L-ZnAl3	97,5	-	-	2,5 Al	390	420

Die Liquidustemperatur von L-ZnAl3 beträgt 420 °C. Es zählt somit zu den Weichloten.

L-ZnAl3 ist, wie aus Tabelle 15 ersichtlich, hochzinkhaltig. Aus [46] geht hervor, dass reines Zink als Lot keine Verwendung findet, da es trotz Anwesenheit eines Flussmittels derart intensiv oxidiert, dass sich sofort beim Aufschmelzen eine dichte Oxidhülle um die Lotkugel bildet, die das Benetzen verhindert. Bei den Versuchen zum Lichtbogenlöten mit L-ZnAl3 ist dieser Effekt durch einen zusätzlich eingesetzten „Helium-crossjet" verhindert worden, so dass sehr gute Benetzungsergebnisse erzielt werden konnten. Dieser „Crossjet" wurde auch patentiert.

L-Zn (Pulver „RotoTec CorResist 29230")
Bei den Versuchen unter [98] wurde festgestellt, dass die Ablenkung des Lichtbogens das Aufschmelzen eines Lotes in Pulverform weniger beeinflußt als einen drahtförmigen Lotwerkstoff. Zum atmosphärischen Plasmaspritzen und Plasmalichtbogenlöten wurde aus diesem Grund das im Weichlotbereich schmelzende Zink in Pulverform ausgewählt.

Dieses besitzt laut Hersteller folgende Eigenschaften:
- ohne Haftgrundbeschichtung auftragbar
- geringe Mikroporosität

Bei der Anwendung sind folgende Verarbeitungshinweise zu beachten:
- geschädigtes Material entfernen
- die Kanten abrunden oder fasen
- Spritzbereiche säubern, auf 50-150°C vorwärmen und aufrauen
- Spritzschichttemperatur zwischen 50-200°C halten
- Max. Schichtdicke von 0,5 mm nicht überschreiten

L-Sn (Pulver „RotoTec LT 29246")
Da Anschmelzungen des Grundwerkstoffs möglichst vermieden werden sollen, wurde reines Zinn (T_{sol}=232°C) als Weichlot gewählt (siehe Abb 138).
Dieser Lotwerkstoff lag als Pulver vor und hat folgende Eigenschaften:
- hohe Adhäsionsbeständigkeit
- spanabhebend bearbeitbar
- keine Haftgrundvorbereitung notwendig
- sehr geringe Mikroporosität

Das Pulver besitzt laut technischem Datenblatt einen Kornbereich von 45-90 µm, eine Dichte von 7,29 g/cm³ und eine Mohshärte von 1,80 g/cm³.

8.2 Applikation des Zusatzwerkstoffs

Um eine Transport- und Händlingsfestigkeit des Zusatzwerkstoffs auf dem Substrat zu gewährleisten wurden folgende Verfahren betrachten.

8.2.1 Widerstandserwärmung

In Anlehnung an den Untersuchungen in dieser Arbeit zur Applikation des Zusatzwerkstoffes auf Stahl wurde versucht, mit dem Lot L-ZnAl2 ebenfalls auf Aluminium eine Haftung zu erzielen. Dies war aus folgenden Gründen nicht möglich:

- trotz Oberflächenaktivierung durch Beizen - keine Anbindung des Zusatzwerkstoffes
- starke Deformation des Lotdepots

Die Nutzung der Widerstandserwärmung bei der Lotdepoterzeugung an Aluminiumblechen ist nicht möglich.

8.2.2 Plasmalichtbogenlöten

Ausgehend von den Ergebnissen der in [98] durchgeführten Benetzungsversuche, wurden die Bleche mit den Lotwerkstoffen L-ZnAl3 (Draht), L-Zn (Pulver) und L-Sn (Pulver) beschichtet. Dabei wird mit Wechselstrom gearbeitet, bei dem die benetzungshemmende Oxidschicht des Aluminiums durch die „Reinigungswirkung" des Lichtbogens entfernt wird. Da bei der Verwendung des Zinklotes starke die Benetzung erschwerende Oxiddämpfe entstehen, wurden diese, wie in Abb 139 dargestellt, über eine zusätzlich angebrachte Düse weggeblasen.

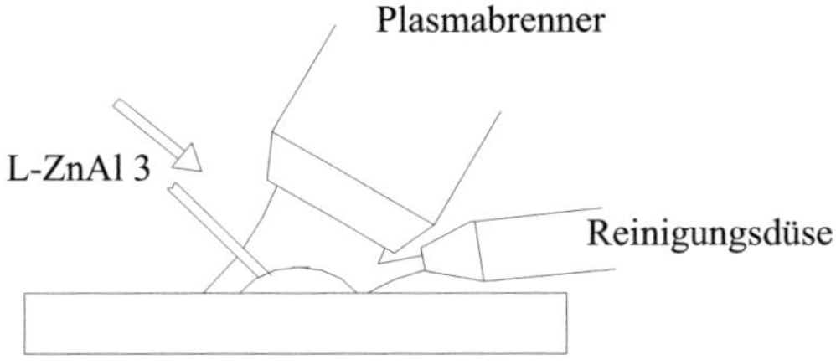

Abb 139 Plasmalöten von L-ZnAl3 mit Hilfe eines Reinigungsgases

Gute Benetzungsergebnisse wurden bei der Verwendung von 100 % Helium als Reinigungsgas erzielt. Folgende Parameter wurden bei den Versuchen verwendet.
Mit der Verwendung von drahtförmigem Zinklot wurden gegenüber pulverförmigen Lot kleinere Benetzungswinkel erreicht. Ursache dafür ist, dass bei der Anwendung von Lotpulver nicht mit einem „crossjet" gearbeitet werden kann. Dadurch würde das Pulver vom Ort der Benetzung weggeblasen. Der sich bildende Oxidrauch bleibt demnach vorhanden und behindert durch seinen Niederschlag auf der aktivierten Oberfläche die Benetzung. Ein ähnliches Verhalten ist auch bei der Anwendung des Zinnlotpulvers zu beobachten.Die Brennerführung für Pulver und Draht ist in Abb 140 und Abb 141 dargestellt.

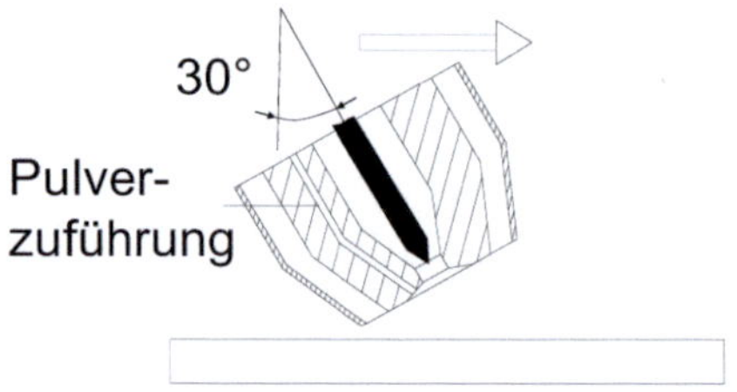

Abb 140 Brennerführung Plasma-Pulver

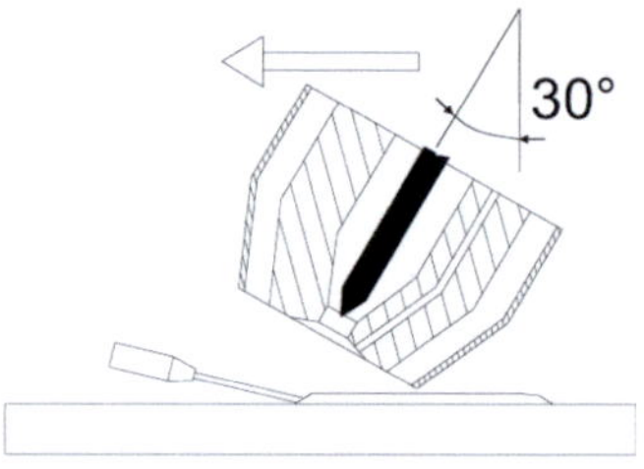

Abb 141 Brennerführung Plasma-Draht

Tabelle 16 Belotungsparameter L-ZnAl3

Parameter	AC 120 (2 mm)	AC 120 (1,5 mm)
Lötstrom $I_{Löt}$ [A]	40	25
Pilotstrom $I_{Löt}$ [A]	5	5
Motorgeschw. (Draht) [%]	35	20
Motorgeschw. (Pulver) [%]	/	/
Reinigungsgas	100% Helium	100% Helium
Reinigungsgasmenge [l/min]	1	1
Plasmagasmenge [l/min]	0,7 (Argon)	1 (Argon)
Lötgeschwindigkeit $v_{Löt}$ [m/min]	0,8	0,7

Abb 142 Makroschliff Plasma 2 mm-AC 120

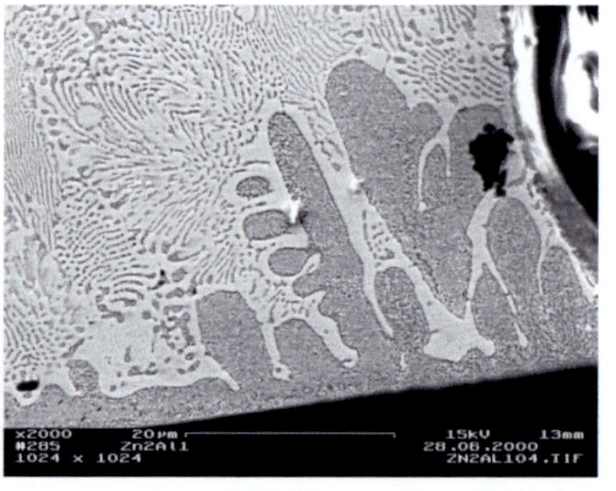

Abb 143 Mikroschliffbild L-ZnAl3 auf AC120

In Abb 142 ist eine Plasmalötverbindung von 2 mm dicken AC120-Blechen dargestellt, bei der das Zinklot L-ZnAl3 verwendet wurde. Da der Grundwerkstoff nur geringfügig angeschmolzen wurde, liegt hier ein beschichtungsähnlicher Zustand vor. In Abb 143 ist die Gefügeausbildung dieser Verbindung erkennbar. Dabei lassen sich zwei charakteristische Phasen unterscheiden:

- dunkle Phase (Gemisch aus Lot und angeschmolzenem Grundwerkstoff)

Zusammensetzung:

Element	Al	Si	Mn
[Masse %]	70.93	13.11	15.95

- helle Phase (Lotwerkstoff-Zusammensetzung)

Zusammensetzung:

Element	Zn	Al
[Masse %]	97,28	2,72

Bei der Untersuchung der Probe mittels Rasterelektronenmikroskop wurde eine große Anzahl von Mikrolunkern festgestellt. Diese können sich bei Verbleib nach Abschluss der zweiten Prozessstufe nachteilig auf die Festigkeit der Verbindung auswirken (Abb 144).

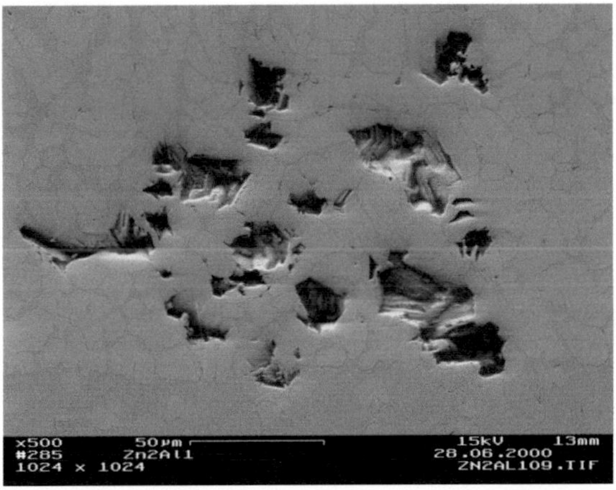

Abb 144 Mikrolunker in der ZnAl3-Schicht

Wie beschrieben, konnte bei pulverförmiger Belotung nicht mit einem „crossjet“ gearbeitet werden, wodurch sich größere Benetzungswinkel einstellten. Daher wurde versucht, den Zusatzwerkstoff über atmosphärisches Plasmaspritzen großflächiger aufzubringen. Zur Oberflächenvorbereitung wurden die Teile mit Korund gestrahlt. Dadurch soll die benetzungshemmende Oxidschicht entfernt werden. Im unmittelbaren Anschluss wurden die Teile mit den pulverförmigen Lotwerkstoffen L-Zn und L-Sn beschichtet. Der Vorteil dieses Verfahrens gegenüber dem Plasmalichtbogenlöten ist, dass die Grundwerkstoffe Silafont 36 und AC120 ohne Einbrand mit dem Lotwerkstoff beschichtbar sind. Speziell der Druckgußwerkstoff Silafont 36 konnte mit dem Plasmalichtbogenlötverfahren nicht beschichtet werden.

Tabelle 17 Belotungsparameter Plasmaspritzen

Parameter	L-Sn-Pulver	L-Zn-Pulver
Stromstärke [A]	400	550
Volumenstrom Argon [l/min]	40	45 0
Volumenstrom Wasserstoff [l/min]	0	15 60
Vorschubgeschwindigkeit [m/min]	15	0,3
Spritzabstand [mm]	60	
Schichtdicke [mm]	0,3	

8.3 Ergebnisse

Die zur Verfügung stehende Maschine war durch einen maximalen Strom von 32 kA begrenzt. In Vorversuchen hat sich gezeigt, dass bei einer Probenbreite von 45 mm die Energiemenge nicht reicht, um den applizierten Lotwerkstoff sicher aufzuschmelzen. Aus diesem Grund wurden die Scherzugproben nach der Applikation des Zusatzmaterials auf eine Breite von 20 mm geschnitten.

8.3.1 Widerstandslöten von Aluminium-Aluminium-Verbindungen

8.3.1.1 Beschichtet mit Plasmalichtbogenverfahren / L-Sn / AC120-AC120

In der Schliffprobe hat ein Versatz der Lotraupen zu Zugspannungen und Rissen im Grundwerkstoff geführt. Die Zugversuche zeigen jedoch ein Versagen entfernt der Imperfektionen.

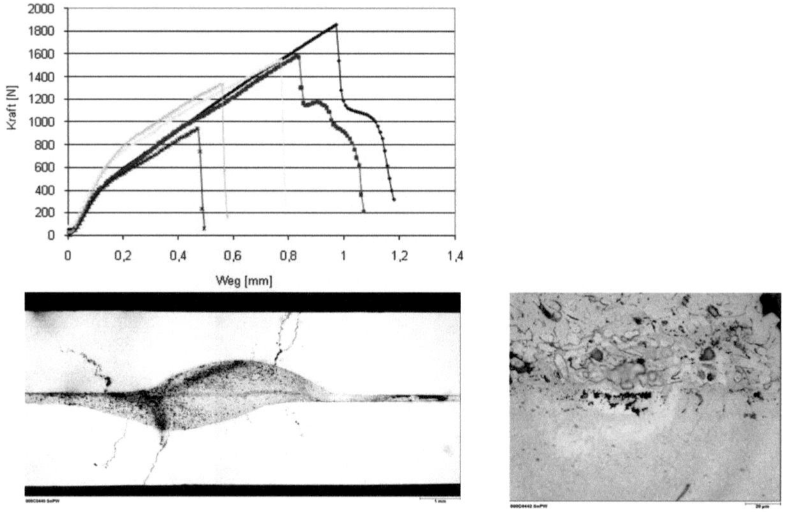

Abb 145 Kraft-Weg-Diagramm und Schliffbild (Beschichtet mit Plasmalichtbogenverfahren / L-Sn / AC120-AC120 (2 mm)

8.3.1.2 Beschichtet mit Plasmaspritzverfahren / L-Sn / AC120-AC120

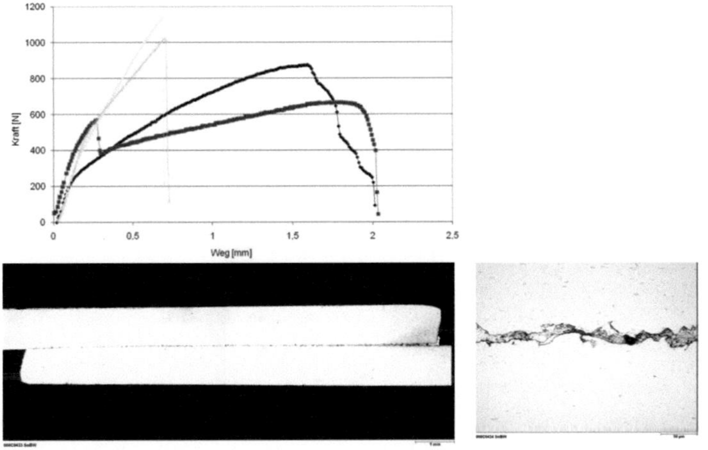

Abb 146 Kraft-Weg-Diagramm und Schliffbild (Beschichtet mit Plasmaspritzverfahren / L-Sn / AC120-AC120 (1 mm))

Beim Widerstandslöten plasmastrahlbeschichteter Proben wird das Lot teilweise zu stark aus dem Spalt gepreßt, so dass die Verbindungsfestigkeit stark streut.

8.3.1.3 Beschichtet mit Plasmalichtbogenverfahren / L-Zn / AC120-AC120

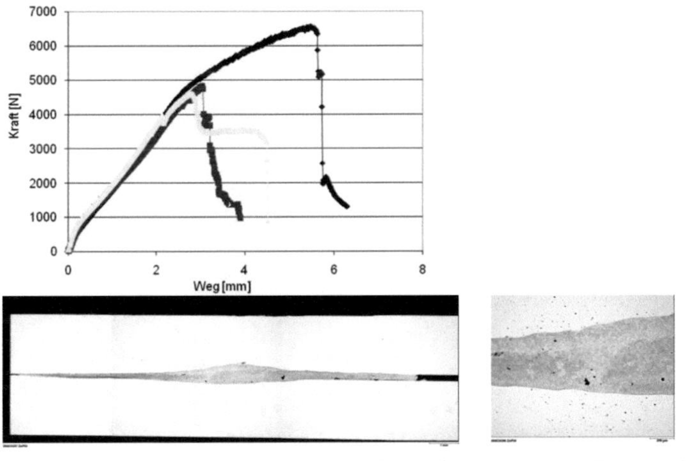

Abb 147 Kraft-Weg-Diagramm und Schliffbilder (Beschichtet mit Plasmalichtbogenverfahren / L-Zn / AC120-AC120 (2 mm))

Mit Zn-Lot erfolgt eine gute Spaltfüllung bei geringer Deformation des Grundwerkstoffs. Die Zugversuche verlaufen in einem großen Lastbereich nahezu identisch.

8.3.1.4 Beschichtet mit Plasmaspritzverfahren / L-Zn / AC120-AC120

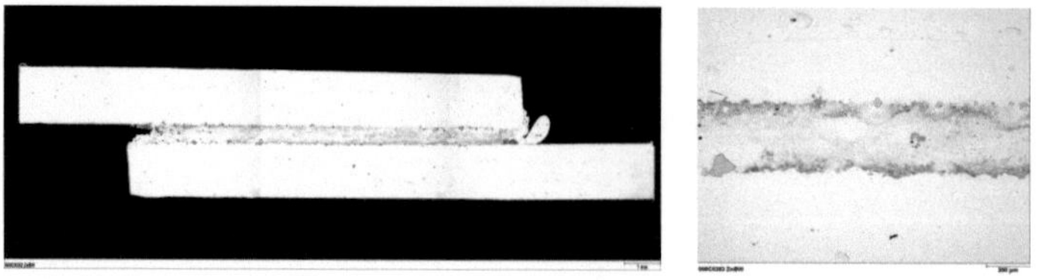

Abb 148 Kraft-Weg-Verlauf und Schliffbilder (Beschichtet mit Plasmaspritzverfahren / L-Zn / AC120-AC120 (1 mm))

Die Verbindungsbildung der plasmastrahlbeschichteten Probe ist sehr homogen. Die Festigkeitswerte streuen in einem geringen Bereich. Die Kraft-Weg-Kurven zeigen keine Dehnung des Grundwerkstoffs. Das Probenversagen erfolgt schlagartig im Bereich der Beschichtung.

8.3.1.5 AC120+Silafont36 mit L-Zn (Beschichtet mit Plasmaspritzverfahren)

Abb 149 Kraft-Weg-Diagramm, Verfahrensparameter und Schliffbilder (Beschichtet mit Plasmaspritzverfahren / L-Zn / AC120 (1 mm) + Silafont 36 (3 mm))

Das zweistufige Verfahren mit erzwungenem Lotfluss kann auch zum Löten der vorher nicht lötbaren Kombination Knet-/Druckgusslegierung eingesetzt werden. Die Festigkeit ist dabei geringer als bei reinen Knetlegierungsverbindungen.

8.3.2 Widerstandslöten von Aluminium-Stahl-Verbindungen

8.3.2.1 AC120+St37 (feuerverzinkt) mit L-Zn (Beschichtet mit Plasmaspritzverfahren)

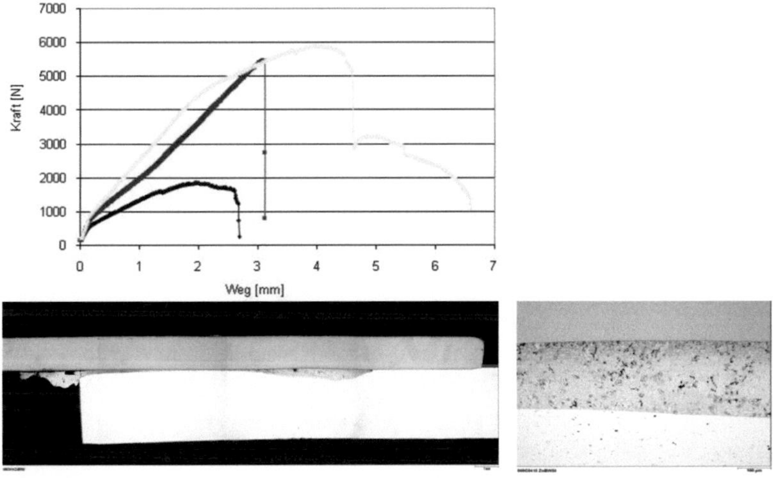

Abb 150 Kraft-Weg-Diagramm, Verfahrensparameter und Schliffbilder: Beschichtet mit Plasmaspritzverfahren / L-Zn / AC120 (2 mm) + St37 Z (1 mm)

Die Verbindung verzinkter Stahl/Al-Knetlegierung ist gut widerstandslötbar. Die Verbindung entsteht zwischen der vorher stoffschlüssig aufgebrachtem Lot und der Zinkbeschichtung des Stahls. Das Entstehen von spröden Fe_3Al_2-Phasen wird durch diese Prozessvariante vermieden. Gegenüber dem Stand der Technik können somit zwei prozess- und transportsichere Applikationsmethoden gezeigt werden.

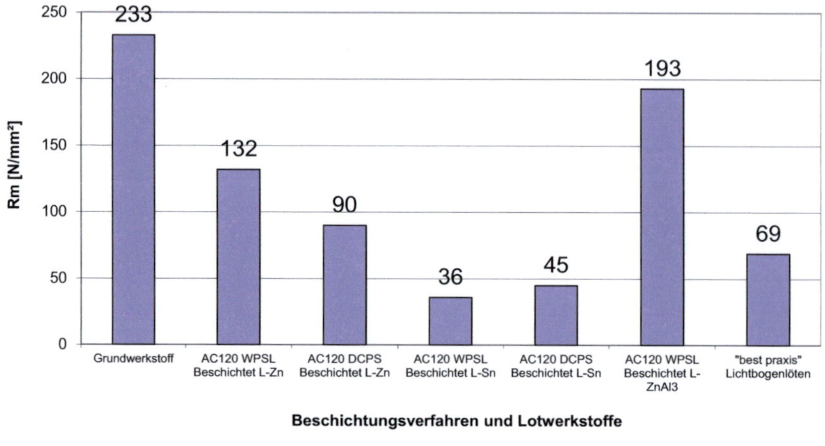

Abb 151 gemittelte Zugfestigkeiten bei der Anwendung verschiedener Beschichtungsverfahren und unterschiedlicher Lotwerkstoffe beim Widerstandslöten von AC 120

Aus der Gesamtbetrachtung Abb 151 lässt sich schlussfolgern, dass die Beschichtungsmethode Plasmalichtbogenlöten (WPSL) unter Anwendung des Zinklotes L-ZnAl3 und einem speziell enwickelten „Crossjet“ gegenüber dem Plasmaspritzen (DCPS) höhere Zugfestigkeiten erreicht.

Die Ergebnisse erlauben eine positive Einschätzung des Einsatzpotentials des Verfahrens. Grundsätzlich ist aber eine Kostenbewertung zu den bewährten mechanischen Fügetechniken vorzuschlagen. Auch der Korrosionsaspekt sollte betrachtet werden. Bei mechanischen Fügeverfahren ist eine Kombination mit dem Kleben zur galvanischen Trennung der Bauteile möglich. Bei dem hier untersuchten Verfahren ist eine Kombination mit dem Kleben nicht möglich.

Intermetallische Phasen sowie aufwendige Interlayer aus sprengplattierten Aluminium-Stahl-Verbindungen wie in [6] dokumentiert, werden durch dieses Verfahren vermieden. Damit stellt die hier beschrieben Verfahrensvariante eine wesentliche Weiterentwicklung dar. Die nach dem Stand der Technik verwendeten Lichtbogenverfahren zur Applikation des Zinkbasislotwerkstoffs haben in letzter Zeit eine rasante Entwicklung erfahren (z.B. CMT). Mit diesen Entwicklungen ist es vorstellbar, sehr genaue Zusatzwerkstoffdepots auf den Aluminiumoberflächen zu applizieren und damit weitere Verbesserungen in der Prozesssicherheit zu erzielen.

9 Zusammenfassung

Die Entwicklung hochfester Stahllegierungen führt ohne Anpassung der Fügeverfahren zu geringen Verbindungswertigkeiten. Dadurch kann das Leichtbaupotential dieser Legierungskonzepte in einer Gesamtkonstruktion über die Fügestelle hinweg nicht genutzt werden. Aus diesem Grund wurde in dieser Arbeit das Widerstandsschweißen/-Löten mit Zusatzwerkstoff für die Anwendbarkeit auf hochfeste Stahlgüten und auf Stahl-Aluminium-Verbindungen untersucht und weiterentwickelt. Es wurde in Vorversuchen festgestellt, dass zur Erreichung eines optimalen Schweißergebnisses spezielle Anlagentechnik erforderlich ist. Daher wurde eine Versuchsanlage aufgebaut und mit entsprechender Messtechnik ausgerüstet.

Das Widerstandsschweißen/-löten mit Zusatzwerkstoff lässt nach dem bestehenden Schrifttum eine Vielzahl von Variationsmöglichkeiten zu. Bisherige Arbeiten dokumentieren die Ergebnisse nach sehr pragmatischen Ansätzen. Um wesentliche Prozesseinflussgrößen zu bestimmen und den Umfang an praktischen Versuchen zu optimieren, wurde mit Hilfe der Prozesssimulation ein Modell zur Beschreibung der komplexen Vorgänge bei der Bildung der Schweißlinse erarbeitet. Dazu wurden Entwicklungen hinsichtlich der Erweiterung der Software betrieben, die bis dahin nicht zur Beschreibung des Widerstandsschweißens mit Zusatzwerkstoff geeignet war. Die für die Simulation entwickelten mechanischen, thermischen, metallurgischen und elektrischen Modelle wurden durch Versuche validiert. Ausgehend von dieser zuverlässigen Modellbeschreibung wurde der Einfluss wesentlicher Prozessgrößen, wie Elektrodenkraft, Maschinendynamik, Oberflächenzustand, Werkstoffvariationen, Schweißstrom und Schweißzeiten simuliert. Dadurch konnte die Anzahl der Variationen in der Versuchsmatrix deutlich reduziert und Fehlentwicklungen vermieden werden. Die Erkenntnisse bei der Modellierung und Validierung der simulierten und der in realen Schweißungen ermittelten Einflussparameter wurden dokumentiert und dienen als Werkzeug für derzeitig durchgeführte wissenschaftliche Arbeiten. Ein Verdienst dieser Arbeit ist daher auch die Einführung einer neuen Vorgehensweise bei der Entwicklung innovativer Widerstandsschweißverfahren mittels Prozesssimulation in der Konzernforschung der Volkswagen AG. Im Schrifttum wird auf entsprechende, darauf aufbauende Arbeiten verwiesen.

Das Widerstandsschweißen mit Zusatzwerkstoff ist wie das Buckelschweißen ein zweistufiger Prozess. Der Zusatzwerkstoff muss vor dem eigentlichen Schweißprozess transportsicher auf den Fügeteilen fixiert werden. Die im Schrifttum beschriebenen Lösungen bzw. Lösungskonzepte wurden in Untersuchungen als ungeeignet eingestuft. Aus diesem Grund wurde eine spezielle Widerstandstechnologie zur Applikation des Zusatzwerkstoffes bis zur Serienreife entwickelt. Diese Lösung ist unabhängig von Werkstoffgüten, Oberflächen und dem Applikationsort.

Zur Ermittlung des Potentials des Widerstandsschweißens mit Zusatzwerkstoff von hochfesten Stählen wurden drei charakteristische Legierungskonzepte betrachtet. Der bei Verformung umwandelnde TRIP 700, der austenitische H400 (X8CrMnNi19-6-3) sowie der beim Umformen vergütete 22MnB5.

Beim Werkstoff TRIP 700 sowie beim austenitischen H400 konnte unter quasistatischer, dynamischer sowie zyklischer Belastung eine Steigerung gegenüber dem konventionellen Widerstandspunktschweißen um mindestens 100% erreicht werden. Der vergütete Werkstoff 22MnB5 nimmt hier eine Sonderstellung ein. Unter quasistatischer Beanspruchung konnte bei diesem Werkstoff keine wesentliche Festigkeitssteigerung durch das Widerstandsschweißen mit Zusatzwerkstoff erreicht werden. Bei hochdynamischer Belastung (5 $m*s^{-1}$) zeigt sich dagegen eine erhebliche Steigerung von über 400 %. Weiterhin wurde der Einfluss der in der Simulation ermittelten, einflussnehmenden Prozessgrößengrößen (Schweißparameter, Oberflächenzustände, Werkstoffe und Korrosion) auf die erreichbaren Verbindungsfestigkeiten untersucht.

Zur Potentialbewertung des Verfahrens in einer Gesamtkonstruktion wurden für den Konstrukteur Richtwerte erarbeitet und Auslegungshinweise für die geometrische Gestaltung gegeben.

Es wurde die Anwendbarkeit klassischer Prüfmethoden untersucht, eine Prüfnorm erstellt und Gütemerkmale der Verbindung definiert. Die Anwendbarkeit neuer, zerstörungsfreier Prüfmethoden, wie Thermographie, wurde an diesem Verfahren überprüft und bewertet.

Mit dem in der Literatur beschriebenen Stand zum Fügen von Al-St-Mischverbindungen und den in dieser Arbeit gewonnen Kenntnissen wurde die Anwendbarkeit dieses Verfahrens zur Herstellung derartiger Verbindungen untersucht. Die Ergebnisse stellen die Sinnhaftigkeit des thermischen, punktförmigen Fügens von Aluminium-Stahl-Mischverbindungen in Frage, da in diesem Bereich mechanische Fügetechniken deutlich dominieren. Weiterhin sind diese Verfahren bei der Anwendung auf Aluminium-Stahl-Verbindungen nicht mit dem Kleben kombinierbar, was zur galvanischen Trennung im Hinblick auf Korrosion jedoch erforderlich ist.

Letztendlich lässt sich resümieren, dass mit dem Widerstandsschweißen mit Zusatzwerkstoff das Potential hochfester Stahlwerkstoffe nutzbar wird.

Abbildungsverzeichnis

Literaturverzeichnis

[1] Koppe, K., Jüttner, S., Graul, M. ,
Widerstandsschweißen mit Zusatzwerkstoff für spezielle Anwendungen im Automobilbau
Große Schweißtechnische Tagung, Essen 2001

[2] Koppe, K.:
Verbindungstechniken mittels Umform-,Widerstandsschweiß- und Lötprozesse
Proceedings der GFAV 1996

[3] Oikawa, H., Ohmiya, S.; Yoshimura, T.; Saitoh, T.:
Resistance spot welding of steel and aluminium sheet using insert metal sheet
Science and Technology of Welding and Joining, 1999, Vol.4, No. 2

[4] Leuschen, B.:
Beitrag zum Tragverhalten von Aluminium- und Aluminium/Stahl- Widerstandspunktschweißverbindungen bei verschiedenartiger Beanspruchung
Dissertation, RWTH Aachen 1984

[5] Sitte, G. ; Koppe, K.; Hindorf, H.:
Punktförmiges flussmittelfreies Widerstandslöten, Blech-Rohre-Profile
Bamberg (1998) 9, S.57-58

[6] Kristensen, L.:
Projektion welding of complex geometries
Dissertation, University Of Copenhagen, 2000

[7] Merkblatt DVS 2916 (Juni 1978)
Prüfen von Punktschweißverbindungen

[8] Merkblatt DVS 2902 Teil 2 (Februar 1977)
Widerstandsschweißen von Stählen bis 3 mm Einzeldicke, Punktschweißeignung von unlegierten und legierten Stählen (Legierungsgehalt $\leq$ 5%)

[9] Autorenkollektiv: Fügetechnik – Schweißtechnik, 5. Auflage,
DVS-Verlag, Düsseldorf 1995

[10] DVS Merkblatt 2902 Teil 4 (August 1978)
Widerstandsschweißen von Stählen bis 3 mm Einzeldicke, Konstruktion und Berechnung

[11] DVS Merkblatt 2902 Teil 3 (August 1978)
Widerstandsschweißen von Stählen bis 3 mm Einzeldicke, Konstruktion und Berechnung

[12] VW 01105 – 1; Widerstandspunktschweißen, Konstruktion, Berechnung, Prozesssicherung, interne VW-Norm, August 2002

[14] Abschlußbericht; Untersuchungen zum Widerstandspunktschweißen von Feinblechen aus neuentwickelten höher- und höchstfesten Stahlwerkstoffen AiF-Nr. 12.618 , Duisburg 2002

[15] DVS Merkblatt 2905 (Mai 2001)
Buckelschweißen von Stählen

[16] DIN EN 28167 (Juli 1992);
Buckel zum Widerstandsschweißen

[17] Neumann, A.:
Schweißtechnisches Handbuch für Konstrukteure Teil 1,
6. Auflage, Verlag Technik, Berlin 1976

[18] G. Eyl; T. Stegeman.:
Fügen höherfester Stahlfeinblechwerkstoffe
Dünnblechtagung Erding, 24. und 25. März 1998, S.45-69

[19] Drewes, E.-J.; Engl, B.; Kruse, J.:
Höherfeste Stähle – heute und morgen
Thyssen Krupp Stahl AG, Dortmund 1998

[20] Davidson, J.A.; Imhof jr., E.J.:
The effect of tensile Strength on the fatigue life of spot welded sheet steels;
Society of Automotive Engineers, Inc. (SAE), 840110, 1984

[21] Seeger, T.; Greuling, S.; Brüning, J.; Leis, P.; Radaj, D.; Sonsino, M. C.:
Bewertung lokaler Berechnungskonzepte zur Ermüdungsfestigkeit von Punktschweißverbindungen, FAT-Schriftreihe, Bericht 196, FAT, Frankfurt/M 2005

[22] P.C. Wang, H.T.; H.T. Corten; F.V. Lawrence:
A Fatigue Life Prediction Method for Tensile Shear Spot Welds. SAE Technical Paper Series, (850370), 1985

[23] L.P. Pook:
Fracture Mechanics Analysis of the Fatigue Behavior of Spot Welds
International Journal of Fracture, S.173-176, 1975

[24] Schatt, W.:
Werkstoffe des Maschinen-, Anlagen- und Apparatebaues
Deutscher Verlag für Grundstoffindustrie 1991

[25] Autorenkollektiv: Tabellenbuch Aluminiumwerkstoffe
Deutscher Verlag für Grundstoffindustrie 1986

[26] C. Radscheit, J. Müller-Rogait:
„Plasmalöten-Grundlagen und Einsatz“
Volkswagen AG Wolfsburg, 2000

[27] Lauck :
Beschichtete Bandbleche für den Korrosionsschutz im Automobilbau
Volkswagen AG Wolfsburg, 2000

[28] Eisenberg, Lachmann, C.:
Legierter Vergütungsstahl 22MnB5
unbeschichtet oder AS-schmelztauchveredelt, Werkstoffanforderungen
VW-Norm TL 4225, Wolfsburg 2004

[29] Bothfeld, R.:
Qualitätssicherung beim Punktschweißen von hochfesten Stählen im Karosserie-Rohbau, DVS Berichte 213: Widerstandsschweißen, 2001

[30] Prodinger, M. Siemssen, U.:
Gleichstromschweißen mit Mittelfrequenzinvertern im Hochstrombereich – Unterschiede zu traditionellen Verfahren, DVS Berichte 189: Widerstandsschweißen, Duisburg, 7.-8. Mai1998

[31] L. Dorn, Berlin, G. Habernicht, München, K. Leichtle, A. Quanz, R. Wanke, Ingolstadt: Beitrag zur Gütesicherung beim Widerstandspunktschweißen von beidseitig verzinktem Stahlblech in der Automobilindustrie, DVS Berichte 143

[32] G. Zhang, S. Singh, O. Hahn, Kurzok, R. :
Ein neuer Parameter zur Lebensdauervorhersage von Schweißpunkten, basierend auf der Nennstrukturspannung unter Berücksichtigung des Blechdickeneffekts,
Schweissen & Schneiden, Heft 9, 2000

[33] S. Gökli, S. Singh, H.M. Sonne: Einfluß von Korrosion auf die Schwingfestigkeit gefügter Bauteile aus oberflächenveredelten Stahlblechen, DVM – Tagung, Konstruktiver Korrosionsschutz, Berlin 1998

[34] E.-J. Drewes: Neue Stähle mit hoher statischer, dynamischer und Dauerfestigkeit für den Automobilbau, Abschlußbericht des BMFT-Projektes, 03 M 3021. April 1994

[35] W. Hufnagel: Aluminium-Taschenbuch
Aluminium-Verlag Düsseldorf, 3. datenaktualisierter Druck 1988

[36] P. Seyffarth, A. Scharf:
Schweißtechnische Software – Versuch einer Übersicht. DVS-Berichte Band 198, Schweißtechnische Software – Stand und Entwicklung. S. 1-29, DVS-Verlag, Düsseldorf (1998)

[37] M.J. Greitmann:
Praxisnahe Finite-Elemente(FE)-Simulation für Problemlösungen auf dem Gebiet der Widerstandsschweißtechnik,
DVS Sondertagung: Treffpunkt Widerstandsschweißen, Duisburg, 26.-27. Mai2004

[38] U. Dilthey, H.C. Bohlmann, V. Sudnik, V. Erofeev, R. Kudinov: SPOTSIM – Numerical Simulation and Calculation of Welding Areas of Resistance Spot Welding Process, 2nd International Seminar on: Advances in Resistance Welding, 7. November 2002, Aachen

[39] L. Kristensen, W. Zhang, N. Bay: Einfluß der geometrischen Kenngrößen beim Widerstandsbuckelschweißen verschiedener Materialkombinationen, Widerstandsschweißen - Neue Werkstoffe – Herausforderungen für das Widerstandsschweißen, DVS-Berichte, Band 213, Duisburg 2001

[40] U. Dilthey, H.C. Bohlmann, V. Sudnik, V. Erofeev, R. Kudinov: Berechnung von Schweißbereichen und numerische Simulation des Widerstandspunktschweißprozesses, Schweißen & Schneiden, S. 18-23, Heft 1, 2000

[41] Harms & Wende, Qualitätssicherung in der Widerstandsschweißtechnik, Tagungsband, QS-Tag, 2005

[42] M.Treuer: Festigkeitseigenschaften von Schweißverbindungen aus höchstfesten korrosionsbeständigen Stählen für den PKW-Leichtbau Diplomarbeit Audi AG, 2000

[43] H. Busch: Hochfeste Verbindungen für hochfeste Feinblechqualitäten Diplomarbeit, Volkswagen AG 2000

[44] Verlag Stahleisen GmbH: Erscheinungsformen von Rissen und Brüchen metallischer Werkstoffe, Stahl Eisen, Düsseldorf 1997

[45] Handbuch für Zusatzwerkstoffe zum Schweißen, Löten Spritzen von Metallen, FONTARGEN GmbH

[46] Müller, Wolfgang: Metallische Lotwerkstoffe / Wolfgang Müller. – 1.Aufl. Leipzig: Dt. Verl. für Grundstoffind., 1990

[47] E. Wendler- Kalsch, H. Gräfen: Korrosionsschadenkunde Springer-Verlag Berlin (1998)

[48] Haldenwanger, H.-K., Korte, M., Schmid. G., Walter, U.: Mischverbindungen im PKW- Karosseriebau, AUDI AG, Tagungsreihe Dünnblechverarbeitung, München 2001

[49] Beckert, M.: Grundlagen der Schweißtechnik – Schweißbarkeit der Metalle, 2. Auflage, VEB Verlag Technik, Berlin, 1985

[50] Rudolf, H.:
Verfahrensoptimierung und Verfahrensentwicklung durch Prozesssimulation, Praxissemesterbeleg, Volkswagen AG 2002

[51] M. Kohnke:
Untersuchungen zum Widerstandspunktschweißen mit unterschiedlichen drahtförmigen Zusatzwerkstoffen zur Verbindung an hochfesten Stählen, Diplomarbeit, Volkswagen AG 2003

[52] Eichhorn, F., Emonts, M., Leuschen, B.:
Widerstandspunktschweißen der Werkstoffkombination Aluminium- Stahl, Schweißen und Schneiden, Band 34, 1982

[53] U. Füssel, J. Zschetzsche, S. Jüttner, J. Braumöller, M. Graul:
Flußmittelfreies Löten von Aluminiumknet- und Druckgußlegierungen mittels zweistufigem Prozess, Interner Abschlußbericht, Dresden-Wolfsburg 2000

[54] H. Hindorf:
Umformwiderstandslöten, eine neue Technologie zum oberflächenschonenden Verbinden von Feinblechen, Diplomarbeit, SLV Halle 1999

[56] S. Thiele:
Anwendung des Umformwiderstandslötens im Karosseriebau Diplomarbeit bei der Volkswagen AG, Wolfsburg 2000

[57] Umformwiderstandslöten von Feinblechen
Schweißtechnische Lehr- und Versuchsanstalt Halle GmbH, 01-98

[58] Prüfrichtlinie: Hochgeschwindigkeitszugversuch,
Volkswagen Wolfsburg 2004

[59] V. Kleinert:
Erzeugung korrosionsdichter Widerstandsschweißverbindungen durch die Kombination von Hotmeltklebstoffen mit Zusatzdrahtgeflecht zur Vermeidung der Taschenbildung bzw. zur Herstellung eines elektrischen Kontakts, Ergebnisse eines Forschungsprojekts der TU-Dresden in Kooperation mit dem VEB Landmaschinen „Fortschritt“

[60] DIN 50124 (April 1977)
Scherzugversuch an Widerstandspunkt-, Widerstandsbuckel- und Schmelzschweißverbindungen

[61] DIN 50163 Teil 2 (September 1991)
Härteprüfung an Schweißungen – Widerstandspunkt-, Buckel- und Rollennahtschweißungen

[62] Prüfspezifikation P-VW 1210
Karosserie - Korrosionsprüfung (unveröffentlicht)

[63] D. Schmiedgen: Schweißlinsenbildung beim Widerstandspunktschweißen und deren Beeinflussung durch den Kontaktwiderstand
Dissertation, TU-Dresden, 1968

[64] Roberts, W.L.
Widerstandsänderungen während des Punktschweißens,
Welding Journal Bd. 30, 1951, H.11, S. 1004-1009

[65] Greenwood, J. A.
Temperaturen beim Punktschweißen,
Britisch Welding Journal Bd. 8, 1961, H.6, S. 316-322

[66] Glage, W.:
Einflussgrößen, Güte und Festigkeiten beim Widerstandspunktschweißen
Schweißen und Schneiden Bd. 13, H. 4, S. 135-139

[67] Glage, W.:
Hypothesen und Fakten beim Punkt- und Buckelschweißen verzinkter Stähle, Widerstandsschweißen und Mikrofügeverfahren,
Düsseldorf, Deutscher Verlag für Schweißtechnik, 1970, S. 52–68.

[68] Amdorn, P.
Untersuchungen zur Schwingfestigkeit einreihiger Punktschweißverbindungen,
Dissertation, TU-Clausthal, 1888

[69] Eibl, M.
Berechnung der Schwingfestigkeit laserstrahlgeschweißter Feinbleche mit lokalen Konzepten,
Dissertation, TU-Darmstadt, 2003

[70] Korte, M.:
Prüfkriterien für punktgefügte Dünnblechverbindungen unterschiedlicher Verbindungsarten und Werkstoffe,
Dissertation, TU-Chemnitz, 2000

[71] Eichhorn F.:
Abschlußbericht zum Forschungsvorhaben: "Untersuchungen über den Einfluss von Punktdurchmesser und -teilung auf das Festigkeitsverhalten von Widerstandspunktschweißverbindungen bei statischer und dynamischer Beanspruchung"
Kenn.-Nr: AIF 11.472 Institut für Schweißtechnische Fertigungsverfahren an der Rheinisch-Westfälischen Technischen Hochschule Aachen (April 1970).

[72] Pollard B.:
Fatigue Strength of Spot Welds in Titanium-Bearing HSLA-Steel s .
Society of Automotive Engineers, Inc. (SAE) 820284 (1982)

[73] Radaj, D.:
Ermüdungsfestigkeit. Berlin Heidelberg : Springer-Verlag,1995

[74] Xu, P. ; Weber, G. ; Krause, H.-J. ; Böllinghaus, T.:
Probenvereinheitlichung im Dünnblechbereich für Schwingfestigkeitsversuche an Verbindungen und Bewertung bisheriger Kennwerte.
Forschungsvereinigung
Automobiltechnik e.V., FAT-Schriftenreihe Nr. 153, Frankfurt, 2002

[75] Deutscher Verband für Schweißtechnik.:
Fügetechnik Schweißtechnik
DVS Media GmbH, Auflage: 6, Duisburg, Mai 2004

[76] Uran, M.
Qualitätsüberwachung beim Widerstandspunktschweißen mittels mehrparametrischer Analyse
Dissertation, TU-Berlin, 2004

[77] Dorn, L., Xu, P.:
Influence of the mechanical properties of resistance welding machines on the quality of spot welding,
Schweißen und Schneiden, 1 (1993), S. E2–E14.

[78] Kußmaul, K., et. al.:
Numerische Prozesssimulation von Widerstandsbuckelschweißungen,
Düsseldorf, Deutscher Verlag für Schweißtechnik, DVS-Berichte 142, 1991, S. 143–150.

[79] Chan, R. K.
Weldability and Degradation Study of Coated Electrodes for Resistance Spot Welding
Thesis, University of Waterloo, Canada, 2005

[80] Lane, C. T., Sorensen, C. D., Hunter, G. B., Gedeon, S. A., Eagar, T. W.,
"Cinematography of Resistance Spot Welding of Galvanized Steel Sheet",
Welding Journal, Supplement, September 1987, pp. 260s-265s.

[81] Parker, J. D., Williams, N. T., Holliday, R. J.,
"Mechanisms of electrode degradation when spot welding coated steels",
Science and Technology of Welding and Joining, 1998, Vol. 3, No. 2, pp. 65-74

[82] West, E.G.,
"Copper and its Alloys", Ellis Horwood Ltd., John Wiley & Sons Canada Ltd., 1982.

[83] Westenberg, C.:
Finite Element Simulation Of Crash Testing Of Self-Piercing Rivet Joints, Peel Specimen.
Master`s Dissertation, Lund University, Sweden, 2002

[84] Scotchmer, N.:
Widening the Welding Lobe of Advanced High Strength Steels in the Resistance Spot Welding Process
Huys Industries Limited, 2005

[85] Zhang, W.
Design and Implementation of Software for Resistance Welding Process Simulations
Society of Automotive Engineers, Inc.; 2003-01-0978

[86] Zhang, W.; Bay, N.
Characterization of Dynamic Mechanical Properties of Resistance Welding Machines
Welding Journal, S. 17-20, January 2005

[87] Song, Q. ; Zhang, W.; Bay, N.
An Experimental Study Determines the Electrical Contact Resistance in Resistance Welding
Welding Journal, S. 73-76, May 2005

[89] Schneider, S.
Untersuchungen zum Widerstandspunktschweißen an Blech-Profil-Verbindungen.
Diplomarbeit, Volkswagen AG 2004

[90] Rudolf, H.:
Untersuchungen zum Widerstandsschweißen von Fügehilfselementen zum Verbinden nicht schweißgeeigneter Anbauteile mit einer Space-Frame-Struktur,
Köthen, Hochschule Anhalt, Diplomarbeit 2002

[91] M. Graul, H. Rudolf, S. Jüttner, U. Füssel, K. Koppe,
Entwicklung von Varianten des Widerstandsschweißens mittels Prozesssimulation
Große Schweißtechnische Tagung 2004

[92] M. Graul, S. Jüttner, U. Füssel, K. Koppe,
Simulation innovativer Widerstandsschweißverfahren
Dresdner Fügetechnisches Kolloqium 2003

[93] M. Graul, H. Rudolf, S. Jüttner, U. Füssel, K. Koppe,
Simulation of innovative resistance spot welding processes
Advantages in resistance welding, Aachen 2002

[94] M. Graul, H. Rudolf, U. Füssel, K. Koppe,
Widerstandslöten im Automobilbau
Treffpunkt Widerstandsschweißen, Duisburg 2004

[95] Kiesche, M. ; Prietzel, H.; Thomas, W.:
Verbindungsschweißen von Stahl mit Aluminium
ZIS Mitteilungen 15, 1973

[96] Mimer,M; Svensson L.E.; Johansson, R.
Process Adjustments to improve fracture behaviour in resistance spot welds of EHSS and UHSS
Treffpunkt Widerstandsschweißen, Duisburg 2004

[97] Arplas Systems
Buckelschweißen von T5 Kotflügeln
Interner Bericht

[98] Graul, M.
Flussmittelfreies Lichtbogenlöten von Aluminiumknet- und Druckgußlegierungen
Diplomarbeit, TU-Dresden, 2000

[99] Krizan, D.
Structure-Properties Relationship in 1 GPa Micro-Alloyed TRIP-Steel
Dissertation, Universität Gent, 2006

[100] Elsner, A.
Advanced hot rolling strategies for IF and TRIP steels
Dissertation, Technische Universität Delft, 2005

[101] VW 01103; Widerstandsbuckelschweißen, Konstruktion, Berechnung, Prozesssicherheit, interne Norm, März 2005

[102] Akerström, P.
Modelling and Simulation of Hot Stamping
Dissertation, Lulea Technical University, Sweden 2006

[103] Goede, M.
Karosserieleichtbau als Baustein einer CO_2– Reduzierungsstrategie
16. Aachener Kolloquium Fahrzeug- und Motorentechnik 2007

[104] Küting, J.
Entwicklung des Fließformschraubens ohne Vorlochen für Leichtbauwerkstoffe im Fahrzeugbau
Dissertation, Universität Paderborn, Oktober 2004

[105] Staubach, M.
Eigenschaften schweißgelöteter Stahl-Aluminium-Mischverbindungen unter Verwendung wärmearmer MSG-Prozesse
Dissertation, Dresdner Fügetechnische Berichte, Band 18/2009

[106] Füssel, U.
Vorlesung Fertigungstechnik 1, Fügetechnik; Professur Fügetechnik und Montage, Technische Universität Dresden, 2008

[107] Hoyer,M.; Janßen,C.; Weigel, M.
Thermographie in der Qualitätssicherung; Diplomarbeit, Januar 2001
Fachhochschule Hannover, Januar 2001